The Art of Coaching

百大企業御用教練

陳煥庭

帶人的技術

這樣帶不只打中年輕人，還讓部屬自動自發追求目標！
透過傾聽、引導、同理心與NLP技術，讓你成為傑出的
教練式主管！

著—陳煥庭

目錄

PART 1
教練的運用
如何在績效與關係中取得平衡，成為傑出的教練？

PART 2
建立對談中的安全與信賴

你這樣聽，我就願意説！我要同理，不要同情！

目錄

PART 4
建設性批評的技巧

讓部屬能夠欣然接受建議，達到團隊要求的目標。

卓越的領袖並非天生

「現在的員工怎麼這麼難帶？！」

這是我多年來在不同的國家、不同的企業授課和擔任教練輔導時，經常聽到主管說的一句話。

其實仔細想想，好像每一代的主管都會說下一代難帶，就像每一代的父母都會說現在的孩子不好教一樣。

現在的部屬真的不好帶嗎？！

說真的，還真是不好帶！

然而，就是因為不好帶，主管更需要學習正確的「帶人的技術」。

從事教育訓練已二十餘年，深刻感受到時代變化之快，從過去 BB Call 到現在 5G 互聯網時代；從過去的硬碟磁片，到現在

的雲端儲存；從過去傳統的媒體宣傳，到現在已是自媒體經營。

當我們才開始熟悉新的技能，又有新的知識要學習，如果跟不上這時代的轉變，逃避要學習的新知，就可能就會面臨淘汰，難以適任職場中的職務。

相對地，新世代員工因為成長環境的不同，家庭教養的方式和學校教育的觀點、知識、技術都和過去有著極大的差異。主管若是以舊有的思維來帶領新世代的部屬，必定會遇到許多挑戰和困境，不但部屬心中難以認同，也可能會造成溝通上衝突和組織的內耗。

在企業作教練諮詢的時候，常聽到部屬對主管的怨言是：

「最討厭他倚老賣老，說什麼自己當年如何勇……。」

「要我們不要太計較，吃苦就當吃補……。」

「說我們命太好了，是溫室裡的花……。」

「說我們抗壓、耐壓力很差，是玻璃心……。」

「說我們不是草莓，而是草莓汁……。」

這些話，都讓我們聽得超不爽的！

身為主管的你，不知道是否曾經說過這些話，還是在關鍵時刻當下會忍住，只是心中 OS 不斷？相信大多數主管說這些話語時，並沒有惡意，只是想提醒部屬應該有更好的工作方法或態度，但是這樣的表達，聽在許多新世代員工的耳裡格外不舒服，就算動機是善意，也讓人難以接受，甚至造成彼此間的不滿與衝突。畢竟再火熱的心，也要搭配有智慧的言語。

作為主管不容易，在員工關係和工作績效上，兩者都須兼顧。

主管如果只重視績效、忽略關係，就留不住好的人才；但是只重視關係、卻拿不出績效，這是保母，而不是領導。卓越的主管，在達成績效的同時，也要知道如何維繫良好的員工關係。

有了這樣的認知與正確的心態，就需要有解決問題、與良好溝通及激勵的能力。

許多主管的升任，是因為在公司有專業和資歷，同時有良好的績效表現，所以被拔擢成為主管，開始帶人，領導一個部

門。然而專業能力和帶人能力並非對等，我們經常看到具備極佳技術或業務能力的人才，單兵作戰成果輝煌，績效卓越；然而升任主管帶人後，卻使得團隊績效不彰、士氣低落、離職率高，最終覺得自己不善於領導，不適任主管職位。

但，他真的是不善於帶人嗎？還是不知道如何正確帶人的方法？

帶人確實有方法，表達也要有技巧。隨著世代的轉變、價值觀的差異，帶人的方式正在逐漸發生轉變，商業界的企管哲學，也從「管理模式」轉向「教練領導」。

管理偏重於「教導與命令」，快速解決問題，看似有效率，但難以培養部屬解決問題的能力。

教練偏重於「**引導與激勵**」，從根源上解決問題，透過提問引發部屬內在的動力，養成獨立思考的習慣，願意自我負責，達成承諾的目標。

本書內容是我在國內外百大企業、累積萬場以上的企業培

訓、千筆的諮詢個案經驗中彙整而成。書中除了談到主管要隨著時代的轉變，轉換成為教練的心態外，更分享做為傑出教練應有的領導與溝通技能，這其中包含了：信賴關係建立的方法、有效地傾聽與回應、引導與提問技巧、正確同理與激勵、建設性批評、教練式輔導四步驟、因人而異的輔導方式等，每章節的內容，都是作為傑出教練必備的領導力。

卓越的領袖，並非天生。作為主管開始的那一天，角色變得不同，不能再單打獨鬥，要懂得帶人，要會帶動團隊士氣，要懂得溝通協調，要能解決情緒問題，要能處理員工衝突，還要激勵部屬達成目標，這些溝通與輔導能力都需要透過有心學習，以及刻意練習，才能漸漸轉化成領導力。

身為主管不要輕看自己話語的影響力，有時候：

你的一句安慰和鼓勵，會帶給部屬向上前進的動力；

你的一句提醒或建議，可能都會影響部屬人生重要的決定；

你的一句讚美和肯定，會讓部屬更有信心迎接挑戰，突破逆境。

當你用心帶人，在績效和關係上兩者兼顧，

用信心的眼看待部屬，用祝福的口激勵對方，

當有一天你的部屬告訴你：

「主管，我真的很高興也很幸運，在公司是你帶我的！」

那麼作為教練的你，你留給部屬和團隊的不再是印象，而是深遠的影響！

祝福您，成為一位傑出的教練、有影響力的領袖！

當好老闆，不如當個好教練

粉紅人妻 CPU（母嬰品牌「CiPU 喜舖」創辦人）

　　第一次認識陳老師，是因為我們邀請老師來公司幫團隊教育訓練「深層溝通表達技巧」。兩天的課程迄今記憶猶新，大家感動的哭、開懷的笑、很充實很愉快，學到很多、體會很多、也有練習很多。

　　運用老師說的方法，真的讓我受益良多。

　　然後就是後來某一年，因為團隊的事情讓我覺得對於帶人很心灰意冷、覺得沮喪，就又想起我心中的明燈、也就是陳老師（笑）。我和先生去找老師上個別的 Coaching 練習，好像前後我們大概也只見了 3 ～ 4 次面吧，就讓我從情緒泥淖中漸漸爬起來站好、思緒也越來越明白，看清楚自己當下的問題，然後能夠勇敢去面對、努力去修正。老師在帶人的哲學這塊，簡直就是我的再造恩師啊！（拱手）

這一路上有著老師的叮嚀，知道其實帶人要以身為教練的心態來溝通，多引導而不教導，要建立信任，「關心」和「解決問題」，才是溝通的主要訴求。

　　其實對我來說，最難也最常要提醒自己的，是要「有邏輯的說話」和「有順序的輔導」。

　　「有邏輯的說話」，是說話不要鬆散、跳躍，要有讓他人得以理解的架構；「有順序的輔導」，則是要先以輔導的目的性來安排起承轉合，才能有效率、有效果。

　　我懂我懂我都懂，但問題是我平常講話就都超鬆散、超隨性，就是老師書裡說的那種不能想到什麼說什麼、任憑自己的個性及意志說話的代表啊！（遮臉）

　　不過好險我認識了老師！（呼！）也好險以後就有這本《帶人的技術》可以隨侍在側，就能更常提醒自己要刻意的去練習，因為「練習的次數，決定熟練的程度。」

　　所以，當個好老闆，不如當個好教練。

這樣帶人，提升了員工的幸福感！

郭晉（天際國際控股集團董事會主席）

2020 年對所有產業來講，都是一個轉折年，不是向上成長（例如 Zoom），就是向下萎縮（例如旅遊業）。所有公司為了生存，必須有效的、飛速的變化；但在蛻變的過程中，如何讓公司全員能跟上變化的腳步，這就是一門經營的藝術。

還記得當年進入社會的第一份工作，那時候主管怎麼說，我就怎麼做，完全以達成主管的要求為目標；遇到問題時，只能自己想辦法解決，而主管只問結果不管過程。在這樣環境下的我，成長非常快速，但同時也承受巨大的壓力。

現在回想過去，卻感謝那段經歷帶給我的淬煉與成長，也是因為有這樣的經歷，讓我有幸成為主管，甚至於創業後少吃了很多苦。

每個人在自我價值及工作展現上都會有所期待，但並不是

每個人都習慣聽命行事，這個深刻感受，在我自己成為主管／老闆後更加的強烈。有非常多的書籍在講授個人成長、公司管理、老闆的宏觀思維，但唯獨沒有一本書在詳細說明跟運用，如何與跟你相差 20 年（甚至以上）的新新人類，在職場上互動及管理。

與煥庭老師認識的這幾年來，常常與他請教管理員工的技巧。還記得陳老師常說：現在的管理模式是「教練式輔導」，跟過去的管理模式「聽話照做」，是完全不同角度的思考模式。當我親自運用了老師教的教練式輔導，果然在跟員工互動關係、工作效率、公司績效上，都有很大的提升；最重要的是，它提升了員工在公司的幸福感、與刷出存在感！

從字面上看起來，教練式輔導是針對團隊／員工績效提升，但實際學習後才發現，這是一門針對自我重新檢視、與人互動、深層溝通表達的課程，很高興陳老師把教練式輔導著作成書，希望透過這本書能幫到更多的人，解決人們在管理上遇到的問題。

Part 1

教練的運用

. . . .

如何在績效與關係中
取得平衡，
成為傑出的教練？

第 1 章

教練 **CEO** 的定義

作為新世代管理者的你，相信已經感覺到，現在你管理的
這些人，和當年你被管理的時代，有著極大的差異，這個差異
來自於世代的不同、所受教育體系的改變、以及社會氛圍。

這裡有個真實的案例：

2019 年時，我諮詢了一位新晉升管理者的王先生，他任職
於一間世界前 500 大的企業，差不多是總監級別的人物，管理
的員工將近 80 人。

在新上任這個工作的半年之後，他來找我做諮詢，王總監
說：「陳老師，我覺得現在 1990 跟 2000 年後出生的年輕員工，

跟我們那個年代的人，真的差別好大！在我們那個年代，主管說的話，不管他是對的或是錯的，照做就行了，而且主管也不會問：『你怎麼想？』，而是公司需要做，那你就必須要把任務達成。」

「但是現在的員工，完全不一樣了！」他繼續說道，「我昨天分配一項任務，好多員工，雖然口中沒說不願意做，但是他們所做的，一看就知道只是敷衍了事。我細問他們原因，他們居然說：『沒有什麼原因，就是不想做！』」他蹙眉問我，「陳老師，你說我該怎麼管理這些小孩？」

🖉 過去的管理和今日的教練，有何不同？

其實，王先生所面臨的狀況，是真實存在的，而且經常發生。

這個現象的起因在於：越年輕的員工，越需要獨立自主的空間，他們不再願意接受強制性的管理。從這個案例解析中，

其實我們發現這個現象已經非常明顯了，原因是兩代人受到的教育，截然不同。

老一代的人，所受到的教育是「聽話照做」；但年輕一代所受到的教育，則是「追尋理想」。

將心比心，在追尋理想的道路上，如果總是有個老人對你指指點點，你肯定不願意，也聽不進去老人的建議。

而由這點差異衍生出來的未來職場趨勢是：管理哲學正在逐漸發生轉變，而整個商業界的管理哲學，正從「管理」轉向「教練」，這也是我們這個章節討論的基礎。

那麼問題來了，請問「管理」和「教練」的差別是什麼？或者說過去的管理哲學和現在的教練管理，差別在哪裡？讓我們這樣定義：

管理：通常來說，它的出發點是「**事比人重要**」。

主管階層更加重視於當下問題的解決，因此理所當然的輕視情感層次上的鏈接。而從關係上來說，這樣的模式屬於傳統的「上對下」、「老闆對員工」、「部屬與執行」的關係。

　　如果我們再作更深層次的定義，「管理」更在乎面臨的現狀與處境，偏重於教導與命令，其目的則是要快速的解決問題。

　　教練：通常來說，它的出發點是**「人比事重要」**。

　　主管階層更加專注於團隊未來的發展和可能性。從關係上來說，主管與下屬之間，建立在新時代的「相互信任」、以及「互相尊重」的夥伴關係上。

　　當我們作更深層次的理解，可以說「教練」的基礎偏重於**「引導和激勵」**，期待能從根源上解決問題，幫助下屬建立獨立思考的習慣，進而提高下屬解決問題的能力，並且培養正確的工作態度。

　　如果我們用最簡單的說法，

管理的結果是：「我叫你做什麼，你就做什麼。」

教練的結果是：「我叫你做什麼，你會思考怎麼去做。」

✎ 正確的管理方法及案例練習

到目前為止，大家應該已經了解管理和教練的差別了。接下來，我們來做一個小練習，藉以區分「管理」和「教練」的差別。

假設，今天你的老闆給你分配一個**很難**完成的任務，例如，老闆要求你們的團隊在 10 天內，完成 100 單位的銷售業績，請你在團隊領導者的位置上，思考一下你該怎麼分配給你的 5 個員工？同時請你再思考一下，如何在**管理型領導**和**教練型輔導**的模式下，來分配任務。請你花 10 秒鐘的時間思考，並且寫下你的答案。

對於這個練習，我們這樣解答：

管理型領導的做法就是：「**聽話照做，廢話少說！**」

針對你團隊的 5 個員工，你可能直接告訴大家：「老闆對我們有要求，我們必須在 10 天完成 100 單位的銷售業績」，並以直接命令的方式分配銷售業績目標，而不告訴員工們具體的作法與步驟。

過程中，不管下屬遇到什麼困境或瓶頸，主管不會去傾聽或同理員工的想法，只要求大家要定期回報進度、和目標達成的狀況，並且要求務必要達成銷售業績。

而教練型輔導的做法則是：「**開放傾聽，引領思考。**」

你可能召集團隊裡面的 5 位員工，告訴大家：「老闆對我們團隊非常的重視」，先給予激勵，再告訴大家，「我們要在 10 天內完成 100 單位的銷售業績。」

接著，透過開放式的會議，先聽聽大家對此目標的想法與做法。遇到有意見的員工，主管要耐心傾聽，並且適時適切的

作出回應。

再來透過提問的方式，引領員工思考：老闆為什麼要這麼做？而這麼做對公司、對團隊、對個人有什麼好處？我們該如何才能達成目標？主管要讓整個團隊感受到共榮、共存、共好的團隊氛圍，讓大家同心同行往目標一起達成邁進。

看完我們的解答，您是否已感受到以上兩種管理方法的差異性？同時請仔細思考，假設作為你的員工，你想他們會喜歡以上哪一種的管理方式呢？

教練諮詢技術在英國及歐美國家，在多年前就已經成為企業 HR 及主管必備的輔導及領導技能。在世界各地，許多專業的教練協會或組織也紛紛成立，讓教練技術可以深耕在不同的職場或領域，發揮更大效益。

企業內部的主管如果經過培訓，接受「教練」的專業訓練，具備了教練的技能及心態，就可以有效的激勵團隊士氣，凝聚

向心力，為公司留下人才，創造卓越績效；這將對公司組織內部造成巨大的正面影響。

在以上的說明中，我們提出了許多「管理」和「教練」的差別，大家應該清楚的了解，哪一種領導方法將會是未來的職場趨勢。

請千萬記住！管理式的領導能解決問題，但是員工不一定願意跟你一條心；教練式的領導雖然操作起來需要較長的時間，但往往能從根本上來解決問題。

在正常情況下，教練式的領導會更適用於現代的職場中；但在某些特殊情況下，該使用管理式領導的時候，你還是得要用起來。領導的方法要因應實際情況作改變，而非死板板的一成不變，這才是領導的精髓。

第2章

如何應用**教練式**輔導？

在上一章中，我們討論了管理式領導與教練式領導其中的差異性，在本章中，我將進一步說明教練式領導應該怎麼來確實運用。

先分享一個案例：

我的另一個諮詢客戶白先生，他在上完我三天二夜的課程以後，回公司運用了兩個星期，然後有一天白先生打電話給我說：「陳老師，我學習的時候，感覺教練式輔導非常理想，但是為什麼在我實際應用的過程中，總感覺沒用在對的地方？而且您說，教練式輔導不僅可用在工作中，家庭生活中也可以，我怎麼覺得我總是沒做好，您能跟我說明原因嗎？」

在我 20 多年的培訓輔導生涯中，類似白先生這種的學員還不少。我們可以確認的是：教練式的管理技術，不僅在工作績效、職業生涯、情緒調節、價值觀重建、下屬工作培養方面，都能帶來益處，而且經過很多人實踐的結果印證，這項技術在兩性溝通、婚姻協調、親子教育等領域，同樣能帶來正面的影響。

2018 年，有一位來上海參加我「教練式輔導」的學員，在課程結束之後的半個月，我收到了她發來的電子郵件：

「陳老師，您好！我自認自己是一位非常認真努力的主管，凡事帶頭衝鋒陷陣，以身作則，從不埋怨，我覺得這是給員工最好的示範，他們也應該會像我一樣為了目標，積極拚命。

只是沒想到，當我全力以赴的往前衝，他們卻一個個脫隊，雖然我全力的拉、推，他們也進步有限，最後我忍不住生氣了，卻有員工告訴我，『我不幹了！總可以吧！』當時我真是心灰意冷，不知如何走下一步，如何去面對工作。

直到上了老師『教練式輔導』的課程，才赫然發現自己錯了，而且錯得很嚴重！於是我開始運用教練輔導的四個流程，還有多引導、少教導；多聆聽、少建議；多讚美、少批評……我忍了兩週的情緒，我刻意的運用，不斷的練習……。

如今我感受到團隊氣氛的重大改變，我的團隊變得更有信心，更願意承擔責任，更棒的消息是……這個月的業績，我們部門已提早達成了！

而且我發現，用這套方法，不僅在工作中有很好的用法，在家庭生活中同樣適用。

當我用在家庭裡讚美我先生的時候，我先生問我說：『妳到底發生了什麼事？妳有外遇了嗎？』他非常的不適應，我也才發現，過去的我太注重於工作，而忽略了家人的感受。而當我刻意的讚美我先生以後，不到一個星期，我有種感覺，我好像回到了剛結婚的那個時候，我確實感

受到了我先生對我的那種愛，很美，很幸福～我對目前的
生活深深感到滿足。」

從這個案例看來，你說教練式輔導是不是的確可以運用在
家庭生活中、尤其在夫妻之間的相處上呢？

✎ 運用教練式輔導 需具備兩種能力

如果教練式輔導可以這麼廣泛的被運用，接下來我們要討
論的是，如何運用教練式輔導，來達成我們所設定的目標！ 我
認為卓越的教練式輔導，需要具備以下兩種能力：

第一種能力：有效的溝通能力。
第二種能力：系統化步驟的能力。

接下來，將各自說明這兩種能力。

✐ 你是用何種心態在溝通？

我們先討論什麼是有效的溝通能力。有效的溝通能力可以分成兩個部份，一個是**溝通的心態**，一個是**溝通的技巧**。

就溝通的心態而言，請大家一定要記住一個關鍵點：主管要以教練的角色來做輔導！舉例來說，當一位主管在分派任務給部屬時，或者在討論績效的面談中，職位雖然是上級，但心態上一定要保持在「教練」、或者「師父」的位置上，千萬不要用「主管心態」或「上級心態」與下屬作溝通。

如果以主管心態溝通的話，那麼「命令」及「指責」將會成為職場的正常戲碼。因為只要沒有完成指定的任務或業績，員工就會受到懲罰，但這樣下屬的心情必然受到影響。而且員工做錯事或沒有完成任務，本來就已經很難受了，如果因此再受到主管的指責或懲罰，會讓員工更增加無謂的難受，這對於真正解決問題、或處理好事情，並沒有任何正面作用。

但主管如果以教練的心態來溝通，那麼「**關心**」和「**解決問題**」就是溝通的主旋律，當主管用真誠的態度與下屬對話，下屬同時也能夠感受到主管的心意。在對談及討論的過程中，若下屬感受到安全與被信賴的感覺，這樣他就會適時的卸下心防，表達出自己真實的想法；當他犯錯時，也能承認自己的錯誤，真心的改變自己，並且確實完成任務。

從主管這兩種不同的溝通心態來看，哪一種心態會讓員工更認同他的主管及團隊，並且忠實的跟隨主管達成任務？答案應該已非常明顯。

🖉 溝通的技巧 有八字訣

討論完溝通的心態之後，接下來我們來討論溝通的技巧。溝通的技巧，一定要記住八個字：**建立信任，重拾信心！**

我以一個案例來說明：

主管在做績效面談的時候，是不是會碰到下屬閃躲問題、避重就輕、低頭不語、或用百般理由來推託責任……等等情況？這個時候，有些個性溫和的主管，為了維持良好的關係，為了團隊和諧，只好隱忍不發作，等待下次有更好的機會時再做處理。但是長久這樣下去，所有的重任都要主管一肩扛起，下屬不但沒有學到良好的工作態度，也沒有學會正確解決問題的方法。

其實，遇到個性溫和的主管還好，頂多需要多花一點時間來處理員工的問題。但如果主管的個性比較急躁，缺乏耐心又不願意傾聽，那麼面對下屬不好的態度、或者不願意做事的時候，通常這種個性的主管，會比較沒有辦法控制自己的情緒，像是勃然大怒、直接發飆、甚至破口大罵的情形，都有可能發生。

這樣一來，原本的問題不但沒有獲得改善，下屬也沒能得到反思與學習的機會；長期下來更會造成团隊士氣低落，發生組織內耗、人才流失等等問題。

總結前述內容，有效的溝通能力是由兩個部份組成，一個

是溝通的心態，重點是主管必須以「教練」的角色來輔導；另一個是溝通的技巧，著重在建立信任，重拾信心。

記住！教練所扮演的角色，是引導者而不是教導者；要協助對方解決問題，而不是向對方發洩情緒；要建立彼此的信任，而不是形成敵對的關係；要幫助下屬重建信心，而不是擊垮他的意志。

總而言之，主管應當以教練的角色，引導下屬，愛護下屬，幫助下屬。以正確的心態及技巧展開溝通，你的溝通，才算得上是有效的溝通。

第 3 章

將步驟系統化的能力

前一章談完有效的溝通能力，接下來我們來談談系統化步驟的技巧。

所謂「系統化的步驟」可以分為兩部份：

第一，有邏輯的說話。
第二，有順序的輔導。

就「有邏輯的說話」而言，指的是：說話不要鬆散，要有架構。

許多主管在處理員工的問題時，常常會以自我的人生經驗、或習慣的說話方式來與下屬溝通。但如果主管本身說話缺乏邏

輯、沒有組織架構、無法將員工所說的內容做出歸納和整理，就難以找到問題的核心，相對也會浪費許多寶貴的時間。因此，學習邏輯性的說話方式，是非常必要的輔導能力。

而系統化步驟的第二部份，就是「有順序的輔導」。要知道輔導是有目的性的，因此必須具備起、承、轉、合。它不是你想到什麼就說什麼，任憑自己的個性及意志來說話。

因此，如何作出有效率的開場，可以快速建立良好的溝通氣氛；如何提問才能釐清問題的核心；如何共同找出解決問題的方法與策略；最後，如何讓下屬願意全力以赴達成目標。為了達到這些目的，整個輔導對談的過程必須有先後順序，並且作出條理分明的表達，才能達到有效率又有效果的輔導。

總結以上所述，「系統化的步驟」分為兩部份：

① 有邏輯的說話：說話不要鬆散、跳躍，要有讓他人得以理解的架構。

② 有順序的輔導：輔導對談要有起、承、轉、合，才能達到事半功倍的輔導效果。

讓我們回顧一下第一章到第三章的重點。

首先，我們提到過去的管理哲學，與今日的教練輔導，差別在哪兒。如果用最簡單的一句話來表示，過去的管理是事比人重要，現在的教練輔導是人比事重要。

在第二章中，我們討論了教練式輔導的應用，不僅能用在職場生涯、情緒管理中，還可以用在家庭生活、兩性溝通、親子教育等領域，因為教練式輔導本身是一種管理的方法，一種將心比心的思維模式。

最後，我們討論了教練式輔導實現的方法，分別是有效的溝通和系統化的步驟。

有效的溝通，重點在於溝通的心態，和溝通的技巧。

系統化步驟，重點在於有邏輯的說話，和有順序的輔導。

希望以上三章的內容，能幫助你完成從管理式領導到教練式輔導的過渡。而在接下來的章節中，我們將繼續討論以下三個重點：

第一，如何成為一個傑出的教練？

第二，在面談輔導部屬時，教練需要做什麼、或注意些什麼？

第三，如何在彼此的關係上能建立信賴，同時在績效上也達到應有的目標？

因此你將在接下來的章節中，逐步得到這些問題的答案。

前奇異（GE）總裁傑克・威爾許（Jack Welch）曾說過：「人才是最優先而且重要的，人對了，組織才會對，你不能僱用人，而不培育人才。」

這句話我非常認同：我們不能只僱用人，而不培育人才。

在這個時代，培育人才、留住人才都很重要，而最好的培育人才、留住人才的方式，莫過於教練式輔導。

因此，希望你靜下來 10 分鐘，仔細想想，到底怎麼把教練式輔導，運用在你的工作和生活中？希望你能模擬生活中或職場中的情境，來做輔導的練習，學習成為一個教練。而練習的次數，將決定你熟練的程度！

第 4 章

如何成為一位
傑出的教練？

　　教練式領導的目標，包括兩個層面；一個是績效目標的達成，另一個是主管與部屬關係的建立。我們簡單的說：

① 過度重視績效目標、而忽略人際關係的培養，就留不住好的人才。

② 過度重視人際關係、卻無法達成工作績效，這樣的主管會成為保姆，而不是領導。

　　卓越的領導人要在達成績效的同時，還要維繫良好的人際關係。這樣的領導人，才能稱得上是一位傑出的教練，「績效目標」與「人際關係」兩者都要並重，都需兼顧。

在過去諮詢輔導的經驗中，我曾經處理過這麼一個諮詢案例：

　　對方和我談到他主管說話時的冷漠和無情，主管跟他說：「我當然知道你媽媽生病住院，你的心情會受到影響，但是你也要把該做到的業績完成啊。其實每個人都有自己的問題，如果大家都像你一樣，那整個公司不就垮了？！」

　　這學員跟我描述這段過程時，語氣中充滿了憤慨與不滿，他說：「媽媽住院我已經非常擔心難過，主管難道不能先了解一下我媽媽生的是什麼病？不能先關心安慰我一下嗎？我媽媽是因為癌症末期才開刀住院，他知道我們家人是多麼痛苦、多麼傷心無助嗎？為什麼要這樣子說話？為什麼這麼沒有人性呢？所以我才決定要辭職，在那種地方上班，一點動力也沒有。」

　　我聽完以後，心裡也非常難過。大家回想一下自己在職業生涯中的過往，是不是曾經遇到這樣的主管：不談心情，只談事情；不重視關係，只在乎業績。

✍ 在溝通中建立愉快的感覺

我相信大多數主管並非懷有惡意，只是這樣缺乏同理心的表達方式，不僅會讓彼此關係破裂，也無法增加部屬對於達成業績的動力。如果因為這樣造成優秀員工的離職，不但讓公司損失了人才，更會讓其他員工形成對公司的負面印象。

回到剛剛所談的這個案例，請你靜下心 10 秒鐘，設身處地的去設想，如果你是這位主管，當你面臨到下屬提出相同的問題時，你會怎麼做？

這裡提供一些提示：做為一個傑出的教練，在溝通與輔導過程中，必須要做到兩件事，一個是「問題的解決」，一個是「愉快的感覺」。請你思考一下，在溝通開始的那一瞬間，哪一個會是比較重要的考量？

顯而易見的，答案是「愉快的感覺」，因為溝通一開始的感覺若不愉快，後面的問題就更難以解決，遑論完成績效及達成任務。因此**良好的溝通，是感覺愉快在前，問題解決於後**。

關於問題解決該用什麼方法、運用什麼技巧，這也非常重要。在這裡特別提醒，當您扮演一位主管的角色時，請儘量不要犯下這樣的錯誤：有時候主管找部屬談事情，因為工作上的壓力，以及時間上的急迫性，一個不注意，說話的語氣和口吻就會過度急躁或強硬，往往談沒幾句話，就讓彼此間氣氛變得非常不好。因此，如何在溝通、甚至輔導的過程中，讓部屬有愉快而沒有彼此對立的感覺，是解決問題進而達成業績的關鍵！

🖊 怎麼做，才能有愉快的感覺？

在溝通中建立愉快的感覺，必須做好兩大部分：

第一，關係的建立。
第二，安全與信賴。

首先我們談「關係的建立」，關係的建立指的不但是溝通及輔導過程中、彼此關係的連結，更重要的是，在開始溝通及輔導前，主管就應該與部屬維持良好的關係。如果一位主管平

常跟部屬就沒什麼互動，少有交談，沒有關心對方工作的狀況及心態，也沒有花時間了解對方的生活方式和家庭背景，那麼要建立彼此的良好關係，是很困難的。

甚至有些主管平常說話就是心直口快、刀刀見血、句句穿心，是部屬口中的「鬼見愁」。就算這位主管很有誠意找下屬約談，想幫助他解決問題，提升績效，可能在當下的第一時間，部屬心中想的卻是：「等等一定沒什麼好事，主管又要找我麻煩了。」

在溝通時，部屬若是已經有了預設立場，就很容易採取防衛抵擋的態度，關閉自己的心防，拒絕說出真正的問題，即使你有心協助對方，也難以達到成功溝通的目的。而良好的關係，是建立在**安全及彼此信任**的基礎上。

記得有一次，我與一位在世界前 500 大企業任職的高階主管，做一對一的教練諮詢。其間談到他一位下屬三年來在工作上的種種問題，我們談了大約 30 分鐘後，我問這位主管：「你

知道你部屬老家是哪裡嗎？他現在住在哪？他上班是坐公車還是開車？他結婚了嗎？他當初為什麼會選擇這份工作？……」這位主管給我的答案永遠只有：「不知道」、「不清楚」。

曾經有學員問我：「老師，身為一位主管，我有必要了解這些事情嗎？」而我的回答是：「如果你不願意花時間了解一個人，你如何對他有更深入的認識？如果你不知道他的成長背景，你又如何了解他的信念和價值觀？如果你不知道當初他為何會選擇這份工作，你如何幫助他找到熱情、激發動力、實現目標？如果你不知道他的家庭、情感狀況，你如何明白家庭關係對一個人的思考和情緒的影響？」

良好關係的連結沒有捷徑，是需要花時間及心思的，你不願意花點時間建立良好的人際關係，將來就會花更多的時間去處理問題。

第 5 章

在日常工作中，
好主管這麼做

　　當我們了解良好人際關係在溝通時的重要性，而良好關係的基礎，是建立在主管與部屬之間的安全感及彼此的信賴上。而主管在日常工作中所呈現，包括「**言語的表達、正確的行為、良好的品格、榜樣的建立**」，都將影響部屬對主管的觀感以及關係的好壞。

　　我就以這四大部分來做說明，如果你已經是位主管，可以檢視一下自己的領導風格，是否能受到部屬的信賴？如果你是位部屬，也可以看看您現在的主管或老闆，平常呈現的是哪一種領導模式？適不適合目前的職場環境？

✎ 正向的言語表達

　　你是不是一位這樣的主管：經常給予部屬讚美、鼓勵、安慰，並懷抱同理心，願意傾聽，有耐心，還是常常心直口快、言辭直白、不留情面，情緒容易失控？

　　我的一位學員就深刻記得，他說，在他公司有一位主管，在組織領導上非常熱心，每次在他工作上遇到挫折時，就會給他鼓勵；在他信心不足時，就會為他加油打氣；當他達到目標時，這位主管就會在會議上公開讚揚他的負責和認真、積極和努力。這位主管讓他對工作更加熱情，工作效能變得更好。

　　而過去管理型的主管，往往覺得自己的問題就應該自己解決，常常把這樣的話掛在嘴邊：「想當年誰教我們啊，我們還不是自己想辦法處理？」或許他們不會拒絕給部屬提供建議，或拒絕部屬的詢問，但這樣的言辭，往往讓部屬聽而生厭，望而生畏。這如何讓部屬產生安全及信賴的感覺呢？

當主管能用**正向的言語**來關懷部屬、激勵部屬，不僅可以讓彼此間的關係變得更好，也可以讓這個團隊更有向心力。

✎ 主動的關懷行為

現代教練型的主管，在發現部屬在工作上或生活上的需要時，會主動關懷並予以協助，這讓部屬感受到自己被支持，而有更大的力量勇於向前。

有些主管則是覺得，自己的問題就應該自己去解決，要把吃苦當成吃補，「想當年誰教我們啊？我們還不是自己想辦法處理，才能坐到今天主管的位子。」

這讓我想起二十多年前，自己在剛踏入社會時，自信心及專業能力都不足，工作上遇到的許多問題，想發問又沒有勇氣，遇到很棘手的客戶也不知如何溝通，因此每天的情緒都受到一些影響。

而我的主管卻是一位無為而治的主管，完全放手讓我們自己摸索，每次問他問題，他就會說：「做久你就知道了。」要不然就說：「客戶就是這樣，你只要堅持不放棄，就會成功了。」讓當時年輕的我感覺到真的很無助，也無法從主管身上學到寶貴的功課與經驗。

　　另外，讓我印象最深刻的一位主管，是我出社會後的第二份工作。他會走動管理，主動關心大家的狀況，只要發現我們有任何需要，都會適時地提供我一些資源和方法，讓我們覺得自己不孤單，有支持的力量可以面對工作中的逆境。這也讓我們整個團隊更能信賴他，接受他的領導。

　　目前的你，是較為主動關心部屬的需要，引導部屬思考或給予協助，還是覺得自己的問題、自己要想辦法克服？

✐ 誠信公正的品格

品格是領導者與員工建立信賴關係的基石，也是核心文化是否能落實於公司的重要關鍵。

做為主管可以檢視一下自己，或者反觀你的老闆：是為人誠信正直、公正公平、對部屬有愛、有責任心，還是會爭功諉過、驕傲自大、喜歡道人長短、愛說八卦？

如果你主管的品格道德值得信任，做部屬的何其有幸，因為他也可以成為我們學習的對象；如果你主管不是如此，那麼不妨作為我們的借鏡，提醒我們不要成為這樣的領導者。

三年前我曾在一家科技公司輔導過一個部門，因為這部門的離職率有五成，非常高。離職面談時，離職者提出的主要原因，大部分都和這部門的主管有關，員工覺得主管做事不公平，做人誠信也有問題；答應的事情，經常忘記，提醒他，主管甚至會強勢的回應：「我從沒講過這種話！」對於他不喜歡的人

就刻意打壓，背後還喜歡道人長短，讓整個團隊彼此猜忌，完全沒有信賴感。

做為主管，如果在品格上有這些問題，勢必難以讓部屬信服你，也無法接受你的領導。人們心中都有一把尺，當主管擁有信守承諾、處事公正、勇於承擔責任的良好品格，部屬當然信賴你，跟著你的步伐走。

✎ 身先士卒的榜樣建立

我們這樣定義，榜樣可以分為兩個部分：**一個是內在的態度，一個是外在的行動**。

請你花 10 秒仔細想想：在態度上，你會經常保持正面思考、樂觀進取，對目標堅持不放棄，還是經常負面思考、抱怨連連，和部屬一起罵公司？

在行動上，對於目標的達成你會帶頭衝鋒陷陣，以身作則，

陪伴前行，還是只會冷眼旁觀，靜默不語，頂多說一句：「沒問題～你行的！」

記得有次在企業做輔導課程時，有位員工告訴我，他的主管每次在公司有專案任務要執行時，自己就會帶頭指責公司，認為公司的政策錯誤、步驟錯誤、目標錯誤，然後大罵老闆不公平，接下來也不主動協助他們，只會觀望，看部屬們做得如何。結果若是部門達成目標，他就會說自己的領導統御是如何英明；但若是部門沒達成要求，他就推卸責任，怪罪團隊不夠努力。

從這個案例我們可以知道，當一位主管爭功諉過，立下壞的榜樣，又如何要求部屬跟你同心協力？在這樣的團隊裡，當然只有跟主管沆瀣一氣的部屬，才能生存，那麼這種團隊，又有什麼存在的意義？

我們仔細想想，當你站在主管的位子，應該在你的團隊裡面建立什麼榜樣？這會帶給屬下什麼樣的感受？給團隊帶來什

麼樣的工作氛圍？而當你是位部屬，你又希望主管能建立什麼樣的榜樣，才會得到你的信任。

　　所以，主管及部屬間，必須先有安全感及信賴感，這樣才能建立起良好的關係，進而能夠充分溝通及輔導，共同解決問題，完成工作上的目標。

第 6 章

運用零碎時間
增進與部屬的關係

　　有些主管這樣問過我：「老師，雖然大家在工作中相處的時間很長，然而因為專案的壓力、績效的要求、時間的急迫，常常很難和同事聊到工作以外的事情，所以對彼此的了解其實很有限，那團隊間要怎麼建立關係、維繫感情呢？」這是非常好的問題，相信應該也有不少主管有這樣的疑惑。

　　在這裡，我提出三個很實用、卻很重要的方法，無論是對於主管階層、或是下級部屬，都很容易運用。這三個方法，可以分為早、中、晚三個時段來運用。

✐ 早上，你可以熱忱問早、問好

一早上班進到辦公室或廠區，見到同事或屬下就熱情地問早、問好，除了展現自己的親和力，員工與主管也才有機會建立互動。在問好的過程中，可以做一些簡單的眼神交會，或點頭微笑，這會創造愉快一天的開始，同時也可以帶動團隊上班的熱情氛圍。

這樣做並不困難，請記得，領導者如果個性非常內向、不熱情、不主動、也不善表達，或是放不下自己的身段，那麼團隊的工作氛圍就會變得比較沉悶，工作績效也難免會受到影響。請記得，問早、問好要刻意練習，才能成為一種習慣，當你持續去做，很快就能看到成效。

✐ 中午，不要總是一個人在辦公桌前用餐

中午用餐時間，你可以主動邀約同事一起用餐，不論是在

員工餐廳、外面餐館、或是叫外送餐飲；即使是自己帶午餐，也儘量跟同事及部屬們一起吃飯。總之不要一人坐在辦公桌前，孤單的吃午餐。

做一位主管，不是獨行俠，不是超人，主管是團隊的領導人。

好的主管要能帶動團隊，讓大家願意為共同目標打拚，那就要花時間與屬下培養感情，建立關係。而用餐時段就是最好的機會。

特別提醒，用餐時間切記不要和部屬談論公事，有些主管很喜歡、甚至不自覺地想把握時間，所以趁著和部屬一起吃飯時，就開始交代接下來的工作，討論專案要怎麼做，有哪些棘手的客戶要面對……，最後讓所有人覺得，跟這種主管吃飯，壓力比平常更大，甚至開始逃避，那就得不償失了。

用餐時刻往往是比較輕鬆愉快的時候，正確的作法是，主管要好好地把握這時間和部屬閒話家常，輕鬆聊聊。同事可能

都來自不同的地方，談談自己的嗜好、家鄉特產、最拿手的料理、最喜歡吃的菜或點心、有哪些旅遊景點可以推薦給大家。透過這些話題，雙方對彼此都會有更深入的認識。

✏ 晚上，適度適時的關懷

這裡提供個方法，主管在下班前可以到處走動一下，如果看到部屬戴口罩又咳嗽，可以適時關心一下部屬的身體狀況；發現部屬遇到工作上的問題，可以了解是否有需要協助之處，給予支援；看到屬下非常認真工作，可以表達肯定與鼓勵，有時候只是簡短的一句：「今天辛苦你了！」，都會帶給屬下意外的激勵。**走動式的管理**無需過於頻繁，更不需要照三餐進行，否則帶給屬下的不是鼓勵，而是壓力。

主管若是能透過上班一天的早、中、晚，生活化地做這些事情，通過時間點滴的累積，就能讓自己與部屬間的關係更加緊密。當然部門的聚餐、團隊的活動、以及員工旅遊……等，

都是很好的機會，讓你去了解屬下的家庭關係、成長背景、興趣嗜好、甚至當初選擇這份工作的動機與原因。當大家對彼此有著更深一層的認識，對雙方價值觀有清楚的了解，在進行溝通及輔導時，將會帶來莫大的幫助。

曾經有位高階主管在教練培訓課程中問我：「老師，如果跟員工建立感情，關係太接近，在我對員工提出要求時，難道不會受到影響嗎？甚至因為比較接近的關係，讓員工跟我討價還價，還會佔我便宜？」然而，我認為這是管理型領導的執念，或是他過去的經驗，也有可能是他過去的老闆給他的提醒或傳承。

當你大腦中如果已經存在這樣根深柢固的思維慣性，就難以打破自己的領導觀念，相對的也將決定你成為什麼類型的領導人。在教練式領導的過程中，管和教、愛和罰，必須要同步並行，它是一體兩面，如同要有父親的威嚴，也要有母親的慈愛，缺一不可。

讓我們回顧一下第四章到第六章的重點，我們談到教練輔

導的歷程中，首重溝通；而良好的溝通則建立在良好的人際關係上；要有良好的人際關係，愉快的感覺是一定的；而這樣的感覺，來自部屬對於一位主管，經由他日常工作中的言語、行為、品格、榜樣所得到的安全感及信賴感。

希望你可以靜下來 10 分鐘，仔細想想，並且拿出筆記本記錄一下，身為主管的你，在「言語」、「行為」、「品格」、「榜樣」等四個關鍵行為方面，可以做哪些正向的調整與改變？然後，在一天工作中的早、中、晚，在與部屬的相處上，你可以做些什麼，讓彼此關係變得更好，團隊感情更加緊密。

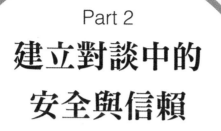

Part 2

建立對談中的
安全與信賴

• • • •

你這樣聽，我就願意說！
我要同理，不要同情！

第 7 章

善用**非語言**的影響力

曾經對一家企業做過輔導,這個個案讓我印象極為深刻。

我的學員劉先生告訴我一件事情,「陳老師,我們那個部門的主管,非常有能力,但個性也很急躁、沒有耐心,脾氣也很暴躁;每次跟他報告一些事情,才講不到一分鐘,他就會用不耐煩的口吻說:『講重點!』。」

有一次的業務匯報,他問我們對目前執行的案子有什麼想法,總算有一位同事說出了自己的意見。結果這位主管聽了以後,很不滿意,他也不管現場有多少人,就當著大家面前大聲的指責說:「你是豬頭啊!你做幾年了啊!你覺得這方法有用嗎?!」所以此後只要這個主管找我們開會或談事情,大家都

非常的膽顫心驚，說話也格外謹慎，深怕一個不小心，就會被他羞辱一頓。」

聽完劉先生的述說，我第一個反應是，這個案例中的領導者，在領導性格上是急躁的、又缺乏耐心，甚至經常會情緒失控，當然在他與部屬之間的相處上，有很大機會產生更多的衝突和問題。而後我更深的思考是，這種管理型的強勢領導者，其實很多。

而你有沒有想過，你目前是一位什麼個性的主管呢？或者你希望成為什麼個性的主管？是較有親和力、善於傾聽鼓勵員工的主管？還是較為嚴肅，但比較沒有耐心、要求較為嚴厲的主管？

✐ 最理想的對談位置及距離

讓我們來做一個練習：無論你是哪一類型的領導者，請你

模擬一下，當你要約談下屬，目的或許是針對他這幾個月的工作績效來討論，或許解決某個專案 delay 的問題，或許想舒緩部屬的工作壓力，處理人際關係間的衝突，協助部屬控制工作上的情緒、提升工作的自信心……等等。

我相信，此時部屬的身心是充滿緊張和壓力的，同樣的，身為主管的你也會有壓力，雙方都面臨到解決問題的壓力。此時，在面對面談話時，作為教練的主管坐下來的位置距離、面部表情、表達的方式，都會影響彼此之間的安全和信賴感，當然就會影響了溝通的成效。

這裡，我們先討論第一個重點，就是面談的「最佳位置與距離」。根據研究報告指出，教練與被輔導者坐下來面談時，最適當的距離是 **45 公分～ 120 公分**，差不多就是一張辦公桌的寬度，或者你伸出手從肩膀到手臂的距離。

距離太近會帶給對方壓迫感，無法讓對方放鬆；過遠的距離，會讓彼此關係感覺很疏離，難以建立親和力，所以保持適

當的距離很重要。一般來說，溫和型的領導者可以與被教練者保持較短距離；強勢型的領導者則可以保持稍遠的距離，以減少彼此的壓力。

另外，在舉行面談時，最好選擇圓形的桌子，感受上會比較緩和；如果是方形桌，則盡量不要面對面坐著，否則會有一種要和對方談判的感覺，徒增彼此的壓力。

與對方坐在 **45 度～ 90 度**的斜角位置，是最為洽當的，除了在感受上較為親近，也可以在讚美或安慰對方時，適當自然的碰觸一下對方的肩膀，帶給被輔導者一些鼓勵。

🖉 臉部表情、聲音語調及肢體動作的運用

當領導者坐到適當的位置、保持正確距離後，接下來在對談中，「非語言」的表現方式就非常重要了！非語言包括臉部表情的展現、聲音語調以及肢體動作的運用，這些在溝通、輔

導、對談時，都會帶來莫大的影響！

第一，臉部表情

就臉部表情而言，主管的表情好壞，會影響部屬能不能卸下心防。所以自然親切的微笑要展現，這會帶給部屬較好的安全感，以及較輕鬆的對談氛圍；但切記不需要過度誇張，否則部屬會覺得主管怪怪的，情緒似乎不合常理，反而帶來危險感。

第二，聲音語調

當然，講話時聲音語調的快、慢、輕、重、抑揚頓挫，都會產生不同的影響。在溝通輔導的過程中，針對主題的不同，語氣語調可以幽默，但不可過度隨性；可以嚴肅，但不要過於急躁。

第三，肢體動作

在對談的過程中，也可以依據情境或內容的需要，配合一些動作，以加強信賴感及認同度。例如，適度的點頭，這個動

作在溝通與諮詢對話的過程中有三個效果：

① 讓部屬感覺被肯定、被尊重。

當部屬在說話的時候，你對他點頭，會讓他覺得被接納也被尊重，帶給他較多的安全感。

② 讓部屬勇於表達自己的想法。

有時候部屬在陳述自己的想法或意見時，也許會比較沒自信，或者比較緊張膽怯；此時，對他點頭會強化當事人的信心，更勇於表達自己的想法。

③ 讓部屬更易於接受建議。

在行為科學研究中證實，如果我們要給對方一些建議或回饋，你可以說話的時候，一邊點頭，一邊做口頭的表達。邊點頭，邊表達，只要連續 7 次，對方會比較容易接受你的建議。

舉個例子來說，當你對你的下屬提出了一個建議，希望他

接受並且試看看，你可以這樣說、這樣做：

「其實這個方法真的很好用！這個步驟真的很適合你！這樣做一定沒問題！」有時還加上拍一下肩膀，將更能強化對方接受你的建議，並給予更多激勵！

曾經有個學員試驗過這個方法，他告訴我：「老師，我真的做了一個實驗，我有個朋友不太喜歡吃牛肉，有天我跟朋友邊講話、邊點頭，邊講話、邊點頭，點頭、點頭，連續 7 次後，我就跟他說：『走，我們去吃牛排。』，然後他居然說『好！』。」

其實這是一種運用潛意識的說服術，就像我們在銷售商品的時候，當客人在訴說他的需求、表達他的意見時，你對他點頭這個動作，就如以上所提到，他會覺得，「你有在傾聽我的想法，尊重我的意見。」這時如果加點親切的微笑、真誠的回應，最後你會發現，客戶會比較容易接受你的產品，進而達到銷售的目的。

第 8 章

情緒同步的藝術

「親和感」在溝通對話時，扮演著非常重要的角色，而微笑點頭是其中一個好方式。另外，要與被輔導者快速建立親和安全感，還有另一個很有效果的方法，那就是 NLP 神經語言學中所討論的**「同步」與「模仿」**。

「同步」與「模仿」，指的是每個人有不同的個性和習慣的說話方式，主管在輔導部屬前，可以先了解對方是哪一種類型的人，選擇用他適合的方式來溝通對話；如果跟自己的個性差別很大，那就必須適時的調整一下自己的頻率，以符合對方說話的方式，如此可達到事半功倍的輔導效果。

至於要如何才能知道部屬是哪一種溝通類型的人，要怎麼

跟一個與自己個性、頻率完全不同的人，達成有效的對話並得到最佳的輔導成效，我們會在以後的章節中透過 NLP 神經語言學「**溝通三類型**」的介紹，幫助你學習到更有效率、更有效果的溝通輔導策略。

其實不論要溝通的對方是哪一類型的人，在輔導過程中，我們常常會因為所談論的話題，而有不同的情緒反應和心理狀態。有時候，部屬會談到他工作上的問題與瓶頸、績效沒達到的挫折和壓力，甚至還會談到家庭、感情、經濟上的種種問題，或許有時候也會聊到一些開心愉快的旅遊經驗、生活中有趣的一些其他事情。但無論是正面或負面的事物，教練在這關鍵時刻，可以運用「情緒同步」的技術，因應對方心情上的喜怒哀樂，做出適度同步的回應。

✎ 情緒同步技術的應用

「**同理心**」是站在對方的立場，體會他的心情，是易地而

處去感受對方的心境，這就是情緒同步的要訣，請你隨時謹記在心。

以下是一些運用，請你多練習，會非常有幫助：

當對方開心時、你要能感受他的心情，與他同歡樂；

當他表達傷心難過之時，你要能體會他當下的心境，適時的同理回應。

讓對方感受到，「你真的了解我、理解我，你願意體會我真實的感覺。」

如此的安全感，就更能深植於在彼此之間：「我們可以面臨並共同解決真正的問題。」

相反的，如果對方在跟你說一些開心的事，你卻表現出毫無興趣的樣子，甚至以冷淡的語氣回應，例如對方說：「你知道嗎？我去日月潭玩，那裡的湖泊起霧時真的是美不勝收，原住民料理也是好特別，實在值得一去！」而你卻冷淡地回應說：

「是喔，其實我覺得那裡還好啦，沒有比瑞士美！」對方再說：「日月潭在不同季節有不同的美，你如果冬天去，會發現它沒有瑞士的天寒地凍，只有深深感動！」但你卻語帶諷刺的回答：「你去玩過的地方太少了，讓人感動的地方還很多！」

相信任何一個人面對這樣的對應，一定會感受到話不投機，很難繼續溝通下去。在年輕人的語彙中，這種聊不下去、永遠難以溝通的人，叫作「句點王」。

✐ 情緒同步的大忌

「雞同鴨講」、「風馬牛不相及」，也是情緒同步的大忌。例如當你難過傷心的時候，想找個人談談，對方卻虛應了事，甚至快速轉移話題。比如你跟對方說：「我失戀了，真的很難過！」對方卻回應：「喔，沒關係啦，下個人會更好，那麼……我們待會兒吃什麼？我真很想吃火鍋耶。」

這種完全忽略對方感受、虛假的回答，自己只專注在自己當下的需要，相信在雙方之間一定已埋下一些不滿的種子，成為未來關係破裂的緣由。

　　另一個提醒是，所謂「同步對方的情緒」，不是要你加入戰局，更不是要加油添醋，掀起戰火，擴大團隊間的衝突。

　　曾經有一個學員，跟我抱怨同事間相處的問題，她說：「我的一位同事主觀意識比較強，脾氣也不好，除了我以外，她跟其他同事的相處都不太融洽，尤其是合作專案時，大家都不喜歡她。」於是常常有人對她耳語道人是非，「她以為她是誰啊，人品這麼差，妳跟她合作這個案子真倒楣；老闆還特別指定妳要跟她一起做，老闆一定是想整妳！」

　　這位學員告訴我，她一點也沒辦法認同這些同事煽風點火的言論，反而更加疏遠這些對她耳語的同事們。

　　因此，「同步」指的是，當你聽到對方有不同的意見、或

發現有不同的情緒反應時，願意暫時放下自己的身段，以及自己的價值觀，以第三者的立場來做評判；甚至不做任何的指責、批評、和論斷，願意用更多的情感與對方連結，更深入理解對方的思考與價值觀，多些開放而且同理的回應，適時的給予鼓勵與肯定，這樣才能建立良好的對話氛圍，讓溝通輔導往正面、成功的方向前進。

我們回顧一下這個階段的重點，在這幾個章節中，我們討論到溝通輔導過程中，建立安全感與信賴感的幾個重點，包括：

① **選擇最佳面談的位置與距離**，就是教練與被輔導者坐下來對談時最好的距離是 45 公分～ 120 公分的距離，差不多就是一張辦公桌的寬度，或者你伸出手從肩膀到手臂的距離。面談時桌子圓形最好，較有緩和感。坐在與對方 45 度～ 90 度的斜角位置是最適當的，除了在感受上較為親近，也可以在讚美或安慰對方時，自然碰觸一下對方的肩膀，帶給被輔導者一些鼓勵。

② **善用非語言的影響力**，包括臉部的表情、適度的點頭、

親切的微笑、自信又自然的肢體動作、以及聲音語調上輕重快慢的變化，這些非語言的展現，對溝通輔導的效果，都會帶來很大的正面影響！

③ **情緒要同步**，教練在輔導對談中，可以依據對方情緒上的喜怒哀樂，做出適度而同步的回應。也就是說，當對方開心時，你要與他同歡樂；當對方表達難過、傷心之時，你要能體會他當下的心境，適時的同理回應。如此就能在對談中，更加深彼此之間的信賴感與安全感。

接下來的章節，我們要開始進入教練輔導的下一步，學習該如何有效的傾聽，聽出問題背後的核心問題。當部屬有很多的理由和藉口、甚至觀念想法是錯誤的，身為一個教練，該如何做出回應，才能有效調整對方的價值觀，改變對方的想法，讓他接受你的建議。我們將論述「傾聽和回應的三個重點」，包括：

第一，敏銳的觀察力。

第二，專注態度與行為。

第三，回應的表達技巧。

讓你不僅懂得如何聽，回應時的表達還能觸動人心。

第 9 章

敏銳觀察力的
７３８５５定律

傾聽是了解的開始，要有心想聽對方說話，那是積極想與對方溝通的一種態度。

然而單純的「聽」是不夠的，還要具備敏銳的觀察力，才能聽出每一句話背後的真義。敏銳的觀察力可包括三個部分：**第一是「耳朵聽」，第二是「眼睛看」，第三是「直覺做判斷」。**耳朵聽到文字背後涵義，眼睛看到行為背後的動機，然後以直覺判斷情緒背後的目的。

在對話的過程中，彼此會有不同的肢體動作與表情，還有不同聲音的變化與反應，經過這些蛛絲馬跡的綜合研判，就較能知道對方說的是真是假，或是另有隱情。柏克萊大學心理學

教授亞伯特‧馬伯藍比（Albert Mebrabian），透過長達 10 年的一系列研究，分析出語言和非語言信息的相對重要性，他所得出的結論稱為**「73855 定律」**。

他指出，當一個人在說話的時候，他所帶給 人的整體觀感中，有 7％取決於說話的文字內容，38％在於說話時的口氣和語調、和聲音的抑揚頓挫，55％則來自於手勢、表情等肢體語言，這些因素相結合，影響了別人對你的感受。

舉個例子來說，例如你問你的部屬：「你覺得小華這個人如何？如果下個月升他做小組長，你的看法呢？」沒想到，你的部屬眼睛瞬間翻白一下，然後支支吾吾的說：「這個……他這個人還不錯啦！做小組長，我……嗯……，我是沒什麼意見啦。」但你覺得，你的部屬真的沒意見嗎？其實背後應該隱藏了不少的意見。又譬如你聽到一個人讚美你的穿著時，聲調輕蔑的說：「你真是有眼光～這套衣服穿在你身上還真好看呢～」，你能從中分辨出他是真心讚美、還是語帶諷刺嗎？

可見在我們傾聽的過程中，不單只是聽文字，還必須綜合觀察對方語調的升降、肢體表情的變化，才能精準的了解對方是否「話中有話」，或者別有含意。所以，用耳朵聽文字背後的涵義，是要確認對方有沒有實話實說，以及背後是否還有其他的原因和目的。

✎ 解讀７大肢體語言

著名的心理學家、精神分析學派創始人佛洛伊德（Sigmund Freud）曾經這樣說過：

「任何人都無法保守他內心的祕密。即使他的嘴巴保持沈默，但他的肢體動作卻在喋喋不休，甚至他的每個毛孔都會背叛他！」

這段話淋漓盡致的指出，身體語言在人際交流中所發揮出的力量，絕對不容小覷。針對我們日常對談中常見的７個肢體

動作，在此詳細說明，你就能了解在心理學中的這些肢體語言，
背後代表著什麼樣的意涵。

① 雙手臂交叉緊抱胸

即使對方和你微笑、進行愉快的交談，但是雙臂卻是交叉
在胸前，在心理學上，這個動作表示一個人情感和身體上，都
想把對方的意見與想法「擋在外面」；也可能透露出，對方並
不認可你所說的話，暗示反對；或者對你的觀點，表達出難以
接受及抗拒的態度。

② 不斷的眨眼

人類眨眼的正常速度是每分鐘 20 次，平均而言，四目相接
的眨眼時間，7 ～ 10 秒就是極限。若是在對話中的眨眼次數過
度頻繁，會讓人感受到不真誠、緊張，似乎試圖掩蓋一些說謊
的事實。同樣的，若是在說話時眼睛不敢直視對方，也會讓人
有類似的感受。

③ 皺眉或撇嘴

　　當你和朋友輕鬆隨意的聊天時，我們通常不會做這個動作，因為真正放鬆的時候，你不會皺眉、撇嘴或抬起眉毛。當一個人心理或身體上受到侵犯時、出現不適感，例如：驚訝、懷疑，擔憂或恐懼，才會不自覺反應出皺眉或撇嘴這樣的表情。

④ 腳尖朝向門口

　　腳是人身上最誠實的部位，這個動作暗示著對方急於想離開的心理狀態。無論對方在談話時表面看起來多麼熱情或專注，實際上他已經感到不耐煩，只想抽身離開。

⑤ 手托著下巴

　　表示當事人正在思考，或者正準備要做些決定。此時，不要一直滔滔不絕地和對方談話，需要給對方一些時間，否則有時候會激怒對方。

⑥ 虛假的微笑

　　如果對方真的在笑，眼睛也會笑。但事實上，人們常常用微笑來隱藏他們真實的想法和感受。所以，當你想知道某個人的笑容是否真實，要看看他們的眼角有沒有魚尾紋。如果笑的時候，眼角連細紋都沒有，只是嘴角不協調的勉強上揚，那有可能是在假笑，或者微笑背後隱藏了一些事情。

⑦ 言行不一

　　一個人言不由衷，或說出來的話與內心想法不一致時，肢體動作和所說的言語往往是不對稱的。例如，嘴上說「是」或「好」，但卻不自覺的微微搖著頭；或者說話時，偶爾雙唇抿一下，或下意識咬一下嘴唇，也說明對自己所說的話沒有把握、沒有信心。

　　以上 7 種肢體語言，提供教練在輔導對話過程話中做為參考；然而肢體語言的觀察要做綜合的研判，不能只看單一行為，否則可能會產生誤解。例如：對方雙手交叉緊抱胸，可能是會

議室冷氣太冷；他腳尖朝向門口，可能一開始坐下來的位置就是面向門口；撇嘴或眨眼過度頻繁，哈哈！這可能是在對你釋放某些特殊的好感。

總之，**在傾聽過程中的察言觀色，除了依據個人主觀的經驗，還要針對客觀的資訊做綜合分析，才能提出精準的判斷。**

🖊 依直覺判斷情緒背後的目的

提升觀察敏感度的第三個面向，是「用直覺判斷情緒背後的目的。」舉例來說：團隊中有人發脾氣，表達出對許多現實事物的不滿，甚至說出不好聽的話。而這個時候，教練該做的，不是怪罪這個人的脾氣怎麼這麼暴躁，或是這些事情有這麼嚴重嗎？

教練應該要思考的是，或許他長久以來受到了許多委屈，超過了他所能承受的臨界點，所以才一下子把不滿的情緒全部

宣洩出來；又或者他發脾氣背後真正的目的，只是希望得到主管及同事的安慰與鼓勵。

另外，你或許也有一種經驗，有時候在輔導部屬過程中聽到對方所說的話，覺得很有道理，覺得這建議好像很不錯，但是不知道為什麼，總覺得有些地方好像不足，好像不太對勁，似乎沒有那麼容易就能解決問題。當有這種直覺的反應和感受產生時，當下不要對自己或他人做出立即性的決定或承諾，在這關鍵時刻反而要冷靜下來，停頓片刻，仔細的思考之後，或許你會做出更好的選擇與決定。

以上我們所論述的，就是教練在傾聽過程中，要用**耳朵聽、用眼睛看、依直覺做判斷**，要懂得察言觀色，要有敏銳的觀察力，這些都是身為傑出教練必備的技能。

第 10 章

如何表達**專注**的傾聽？

　　傾聽對談過程中除了要有敏銳的觀察力，教練要表現出**「專注的態度與行為」**。「專注」的態度，會讓被輔導的人感受到被在乎和被重視，同時也是對他的一種支持和鼓勵，鼓勵對方盡可能地表達自己的想法，說出自己真正的問題。

　　除了專注的態度之外，傾聽時也要有外在的行為展現，這裡可分為五個部分來做說明。

① 臉部表情

　　如果教練在傾聽時面無表情、或是表情嚴肅，甚至擺出一副高深莫測的臉色，不僅讓人覺得很有距離，也會讓部屬不敢

說出問題所在，不敢表達某些意見，當然更不會說出心中的祕密，這對輔導的效果就會帶來負面的影響。自然親切的表情，會讓部屬感受到親切、和善的態度；適度的微笑，會讓臉部的線條較為柔和，也容易建立安全的溝通氛圍。

請靜下心 10 秒鐘，回想一下在你周遭的同事和朋友中，有哪些是讓你感覺較為親切、較有親和力的？回憶一下他們的臉部表情，你會發現，他們經常保持著親切自然的微笑，讓人感覺沒有壓力，也能讓人比較容易傾吐心意。

如果你是一位較為嚴肅、面無表情、沒有笑容的人，那麼就要刻意練習微笑，直到養成習慣。身為領導者，如果能多一些微笑，會多一份親切，就會在團隊中多一點正面的影響力。

② 眼神接觸

如果輔導及對談的過程中，眼睛不看對方，那會讓對方覺得不受尊重；但眼睛一直盯著對方看，完全都不移動，也會讓對方有莫名的緊張感；若是經常給予對方嚴厲又嚴肅的眼神，

當然更會帶給當事人莫大的壓力與恐慌。

對談過程中，眼睛雖然要經常注視著對方，但偶爾也要移動一下目光，留給彼此一些緩和的空間。而溫暖真誠的眼神，會讓對方感覺到你是真正的關心他。適當而專注的眼光，會讓當事人感受到溫暖而有力量。

請靜下心 10 秒鐘，回想一下，你與部屬對話時眼神通常是如何呢？是不看對方、還是目露凶光，還是部屬可以充分感受到你的真誠與溫暖？曾有學生這樣問我：「老師，我天生長相就是比較凶，小時候就被笑是壞人臉，那我要怎麼做才能讓部屬感受到我的真誠呢？」我的回答很簡單：「你在面談中就要多些微笑啊，這樣就可以減少嚴肅和距離感」。

如果你是上述的嚴肅者，請透過以下的自我暗示，正面宣告，並請持之以恆做 21 天，你會慢慢發現你的眼神跟臉部表情，都會有所改變：

請靜下心 10 秒鐘，把你手上的事情暫停一下，然後站在鏡子面前，看看自己的表情、眼神，嘗試給自己來一點親切的笑容，同時對自己說：「我是一位溫暖、真誠又有愛心的領導者。」如此說個 10 次。

　　請體會感受一下自己表情和眼神的變化，透過次數和時間的累績，你會看到自己的面容和眼神有了很大的轉變。其實，面由心改，相由心生，就是這個道理！

　　下次有機會面談時，除了專注在對方身上之外，注意一下自己的眼神，用真誠，溫柔而堅定的眼神與對方互動，將會得到更好的對談效果。

③ 空間距離

　　如果對話過程中，當你一坐下，對方就不自覺的將椅子往後退，那可能代表你已經進入他的安全距離了；這時教練千萬不要將自己的椅子往對方拉近，否則你會看到對方不到幾秒鐘，他又會把坐的位子往後退，這代表彼此之間的距離太近，還沒

有建立對談中的安全感；而你的過度靠近，只會帶給對方更大的壓迫感。

在之前的內容中我們有提到，對談時最合適的距離是 45 ～ 120 公分，若是一開始部屬坐下時的距離感覺有點遠了，教練當然可以嘗試拉近距離；若是你發現對方真的會不自覺的往後退，此時教練要暫時按兵不動，把椅子停在原本的位置，等到對談過程中氣氛良好，信賴關係慢慢建立了，你就會看到對方自然的將椅子向你拉近。

總之，在對談一開始，彼此間距離不要過近或太遠，隨著良好談話的進行注意一下自己的眼神、信賴關係的建立，彼此就會找到一個最佳的對談距離。

請靜下心 10 秒，試著感受一下 45 公分～ 120 公分有多長，以後你很快就能抓到合適的空間距離。

④ 肢體動作

在自己過去針對一些高階主管做一對一的教練諮詢時，我發現有些領導者在輔導部屬的過程中，會不自覺或習慣性的做出一些不洽當的肢體動作。

例如，有些領導者在自己說話或聽部屬說話的時候，就會不由自主的雙手交叉緊抱在胸口，這帶給對方一種被拒絕和不被認同的感受；有些人會把腿翹起、或抖腳，這會讓對方覺得不受尊重；有些領導人會不自覺地搖頭或翻白眼，這會讓人感覺自己被否定、意見被反對。這些不當的動作，都會讓彼此之間對話的氛圍變得更加緊張，當然也會造成輔導溝通時的負面影響。

因此，在面對面談話時，教練要展現積極的傾聽行為，將身體適當的向前傾，這樣會讓對方感受到，你有心想和他說話，真的想了解他的狀況，這會讓談話時有更好的互動。

同時，當對方在陳述自己的想法、表達不同的意見時，教練若能適時的點頭，不但表示你有專心在聽他說話，也可以引

發對方想繼續和你溝通的意願。

其實，溝通的基本態度是一種相互的尊重，當主管用和善、積極的態度與部屬對話，當對方感受到尊重和善意的對待時，大多會給予善意的回應。如同我們常說的一句話：「要別人如何對待你，那就要用你所期待的方式對待別人。」

⑤ 聲音語調

對談過程中，教練聲音表情的呈現方式，將會影響教練輔導的效果。語速過快及過重，會讓人覺得講話太過於咄咄逼人，讓對方難以接受建議；語速過慢及聲調太平淡，會讓對方覺得缺乏熱情、難以激勵人心。

大家可以嘗試做一個練習，用不同的語氣，念同樣的一段文字：「為什麼？怎麼了？這三個月來績效為何無法做到呢？」，把這段話錄下，你會發現在不同的語速和聲調下，心裡就會有不一樣的感受。

在很快的語速和過重的口吻下，對方可能會感受到壓力，甚至覺得「主管在罵我、指責我」，心中可能就會築起一道牆，拒絕溝通。

同樣的一段話，如果你語速放慢，聲音輕柔，表情溫和地說說看。部屬聽起來較能感受到主管想了解原因，協助我解決問題。

請花 10 秒鐘，靜下來想一想，自己平常說話的語調是快、還是慢？是較為大聲，還是較為輕柔？

有時候主管在輔導部屬時，真的是有心想幫助部屬解決問題，但是如果個性過於急躁、聲音語調又重，反而會造成部屬抗拒，帶來負面的影響。因此在輔導過程中教練要特別注意自己的聲調，當你學會善用聲音的變化，就會讓你的話語更能觸動人心。

最後，我們把傾聽專注的五大部分，做個快速整理：

第一，臉部表情要保持親切微笑，建立親和感。

第二，眼神要專注於對方，讓人感受到被重視、被在乎。

第三，適當的空間距離，可以拉近彼此的距離。

第四，身體適當向前傾，讓對方覺得你有心想聽他說話。

第五，聲音語調運用得當，可以增加對談中的影響力。

回顧一下第九至第十章，我們學習了專注傾聽的三個重點：

第一，培養敏銳觀察力的 73855 定律。

第二，解讀 7 大肢體語言。

第三，用直覺判斷情緒背後的目的。

第四，傾聽的專注態度與行為。

　　當部屬開始願意表達他的想法，教練也能對部屬所表達的內容、肢體語言，做出敏銳的觀察，清楚知道事情的真實性。接下來的章節，我們將討論「正確同理心及回應技巧」的三個重點，包括：

第一，同理與同情的差異。

第二，同理心的兩種能力。

第三，同理語言的兩種技術。

希望作為教練的你，不但在溝通輔導的過程中，能與被溝通方易地而處，融入對方的心境，感同身受對方目前的處境，也能在同理的回應中，讓部屬重新得到自信與動力，並且接受你的輔導與建議。

第 11 章

認清「同理」與
「同情」的差異

　　在我的職場生涯中，我曾經在一家跨國企業擔任教練和顧問，那段時間，我處理了不少員工和主管之間的衝突，印象最深的，是一位專案經理 Judy 的案例。Judy 告訴我：「我那時候負責一個項目，為了達成公司的目標，所以非常的拚命努力，這三個月來幾乎天天加班，每天都是忙到晚上 10 點以後才能回到家，天天都非常疲累，壓力也很大，所以經常失眠，就是擔心沒有辦法達到公司的期待。」

　　每次主管問她專案的進度如何，她做完報告後，主管就會說：「我知道這專案不容易，想當年我進入公司沒多久，就同時負責好幾個案子，一個人要做好幾個人的事，每天也是忙到

非常晚才能下班，假日還得跑來公司加班，但是我從來不喊苦，就算有苦也是把吃苦當吃補，現在才能做到這個位置。你們年輕人不要吃不了苦，只要比別人更認真，將來公司一定會重用你的！」

我還記得 Judy 當時這樣跟我抱怨：「老師，我每次聽到主管說這種話，真的非常不高興！我們是年輕人又如何？我們的創意你有嗎？我還不夠認真嗎？他以為他是誰啊！每次都倚老賣老，講自己過去多麼努力、多麼辛苦，他那個年代跟我們這個年代還一樣嗎？！每次聽完沒得到安慰鼓勵就算了，反而讓自己更生氣、更沮喪！」

我們來分析一下這個案例，這位主管說自己過去在工作上如何認真努力、假日加班、從不喊苦，並且把吃苦當吃補。他說的這些話確實是事實；他想勸年輕人不要吃不了苦，要更認真、更努力，將來才有機會被公司重用。他並沒有惡意，也沒有說錯，但是 Judy 為什麼聽完後會更加生氣？請問你對這個主

管的話語有什麼感受？這位主管在表達方面的問題在哪裡，為何他這樣的表達，讓 Judy 不但沒得到鼓勵，反而更聽不進去？請靜下心 10 秒鐘思考一下。

✎ 「同理」不等於「同情」

這位主管的問題就是；他沒有搞清楚「同理心」與「同情心」的差別。

多數人可能誤以為：「同情」就是「同理」。**讓我們這樣定義：「同情」是站在自己的立場，以自己的角度看待對方，依據自己對對方了解的狀況，來做判斷與解讀**，有時候會以比較高高在上的身分來看待問題，例如這種心態：「我走過的路比你多很多。」

一些主管常用「倚老賣老」的心理狀態來回應，自己以為對部屬付出了關心及憐憫，但這樣的方式，背後卻可能隱藏著

「我尊你卑」的心理地位。主管若以這樣的角度及心態來思考對方的問題，當事人不但難以聽進建議，更可能會破壞彼此的信賴關係，當然也就無法達到教練及輔導的功能與目的。

然而，**「同理」是進去他人內在的心境，體會對方內心的真實感覺。**這是一種暫時性、有條理的認同對方，站在對方的立場，去感受他的內在世界；進而把你體會到的表達出來，讓對方知道，你能了解他的感覺、想法、與行為，同時不評判、不分析、不給任何建議。在這裡要特別強調：**同理的當下，不能評判、分析、或給予任何建議。**

🖉 發揮同理心 需要兩種能力

要發揮同理心，若闡述得更明確一些，就是要將對方內在複雜的情感，透過精準的文字，做明確的表達，讓對方覺得你真的了解他。然而，要透過精準的文字，說出對方內心的真實感受，我們就必須具備兩種能力：第一，敏銳的觀察力；第二，

精準的表達力。

敏銳的觀察力，指的是敏感度，這部分我們在之前的內容中已經有完整的解說，簡而言之，就是懂得察言觀色，要懂得耳朵聽、眼睛看、善用直覺做判斷，才能達到輔導的功效。

精準的表達力，就是教練在與部屬輔導對話的過程中，能聽到對方所遭遇的狀況、所經歷過的問題，能明確精準的說出對方內在真實的感受或感覺。這會讓部屬覺得是被了解和理解，當下就能帶來一些安慰與鼓勵。我們舉一些「同理心」的話語為例：

「這段日子，委屈你了！」

「我知道真是不容易，這陣子辛苦你了！」

「我知道這問題帶來的壓力真的是不小！」

「我可以感受到你非常的灰心、沮喪。」

以上的這幾句話，你可以思考一下，有哪些是屬於「感受」或「感覺」的詞彙？在這幾句話裡，像是**「委屈」**、**「不容易」**、

「辛苦」、「壓力」、「灰心」、「沮喪」都是感覺詞彙。你答對了幾個？

然而要能以語言說出感覺，那麼「詞彙」就要夠豐富，例如：生氣、絕望、懊惱、孤單、寂寞、傷心、後悔、痛苦……等等。有了這些感覺詞彙的表達，教練就能夠更精準的反映出對方內心的真實感受，讓對方覺得你真的了解他，進而就會產生更好的信賴關係。

相對的，在面談或輔導過程中，主管如果聽到部屬遇到的挫折和困境，當下無法換位思考，沒有易地而處站在部屬的立場來考量，就難以體會對方真實的心情，並做出正確的同理心的回應。例如，部屬跟主管說：「每次我去拜訪客戶、推銷公司的產品，真的都非常緊張！」如果主管這樣回應：「怎麼會是緊張呢？應該是很興奮吧！因為一旦成交就有獎金，你應該要高興！」這樣說，部屬心中反而會感到更挫折。

如果主管和部屬對話時，只照自己的想法，只用自己主觀

的感受，來與下屬對話，沒有設身處地的去體會對方當下的心情，主管就難以感受到下屬內心真實的感覺。如果輔導溝通的過程中，主管做出好幾次沒有展現同理心的錯誤回應，部屬就會漸漸對主管產生不信賴感。他會感覺到：「說了也是白說，反正你這種主管是聽不懂的！」當部屬產生這樣的抗拒心態，又如何能達到輔導溝通的目的？

　　因此教練在輔導對話的過程中，需要專注並且用心聆聽，同時易地而處，將心比心的去體會部屬心情，才能正確反映出對方的內心感受，建立彼此的安全與信賴關係，如此才能引導部屬說出心中本來不願意說出的事情，進而解決真正的問題。

第 12 章

同理溝通的兩大技巧

本章進一步來探討，同理心的溝通該怎麼做？該如何說？接下來介紹兩個同理心的技巧，可以運用在不同的情境中：**第一，同理語言；第二，自我表露。**

第一，同理語言

同理語言有七句話，提供各位做參考，當部屬在抱怨一些事情或告訴主管，他正面臨一些問題時，當主管的你聽完部屬的陳述後，可以回應下面這七句話：

「我能了解你的立場。」

「我能體會你的心情。」

「我明白你的意思。」

「辛苦你了。」

「真是不容易。」

「真是難為你了。」

「難怪你會這麼生氣！」

運用這七句話，教練可以針對當事人所說的事情、所面臨的狀況，選擇 2~3 句話來回應就可以，並不是要 7 句話全部都說一遍，否則對方反而會覺得奇怪及疑惑。如果你聽到部屬抱怨工作的問題，你可以說：「我可以體會你的心情，真是不容易，也真是難為你了！」三句同理語言就已經完全表達出「同理溝通」的功能。

另外，當我們在表達同理心的詞彙時，有三件事要特別留意：

① **要發自內心**：在同理的過程中，教練要真實體會對方的感受，了解對方所經歷的一切。如果表達不帶感情，流於形式，

只會讓部屬覺得主管只是在敷衍，感覺只是公司內部人事管理的 SOP，「主管不是真心誠意的來幫助我，只是虛應一下公司的要求而已。」

② **語速要放慢**：有些人講話過於急躁快速，感覺好像馬上要趕赴戰場好好的幹一場，這讓對方覺得：「主管只想解決問題，無心體會我的心情，也沒有了解我面臨的困境。」而節奏過快的說話習慣，會讓這些同理的文字失去溫度與情感。

請做一個小小的實驗，用快速的語調說出以下的話語，並且錄音：「我能了解你的立場，我能體會你的心情，辛苦你了。」休息一下後，再放出來給自己聽，請問是不是有一種被敷衍的感覺？這種話語表達的節奏與速度太快，會讓人覺得主管沒有誠意，只想快速解決這個問題、並且結束這個話題，不是真正想安慰當事人受到的傷害與委屈，反而會讓當事人對主管感到不信賴。

③ **回應要貼切**：當事人在述說自己所發生的事情、所經歷

過的一切的同時，對於教練的表情或語言，會格外的敏感及注意，因為他不知道教練是否能接受或認同自己的觀點與想法，或者是否真的能體會他當時的心情。所以教練在回應對方時的同理語言：「我能了解你的立場，我能體會你的心情，我明白你的意思，辛苦你了，真是不容易，真是難為你了，難怪你會這麼生氣！」以及非語言的表情、眼神、肢體動作的展現，都會影響同理溝通的效果。

第二，自我表露

同理溝通的第二個技術，叫做「自我表露」。自我表露就是教練在傾聽過程中，發現部屬目前的狀況或所遇到的事情，自己也曾經經歷過，於是能將自己過去類似或相同的經驗與對方分享，讓部屬覺得「教練自己也經歷過這些事，一定能夠更了解我，更能體會我的心情」，這會帶來彼此間更好的信任關係。

自我表露有兩句同理的語言，提供大家做參考，第一句是：

「過去我也曾有過類似的經驗……當時我也覺得蠻難過的，

或是蠻生氣、蠻委屈的。」

請記得，話語的最後要儘量講出「感覺詞彙」，較能讓被輔導者覺得，「教練你真的了解我內心的真實感受。」當然，教練如果與部屬有相同經驗會更好，因為對方會覺得，「原來教練也曾走過這段歷程，教練也曾經歷過這樣的事情，那麼對我一定會更加了解，也更能清楚我為何現在會有這種心情和想法。」

德國哲學家尼采（Friedrich Wilhelm Nietzsche）曾經說過這麼一段話，我非常有感觸，他說：

「一個沒有吃過苦的人，很難懂得如何真實地去安慰別人！」

的確，生命如果有相同的經歷，會比較容易感受到對方內心的世界，比較能做到正確的同理溝通。倘若你過去沒有類似的經驗或是相同的經驗，怎麼辦呢？你可以運用自我表露的第二個方式：「模擬對方的感受」。這個同理的語言是：

「如果我跟你面臨相同的事情，我可能也會像你一樣這麼生氣、或這麼難過、或這麼委屈……等等。」

　　總之，最後儘量以話語講出對方內心的感覺，適當的運用感覺詞彙，這點非常重要。

　　記得曾經有一次，我在某家企業做顧問諮詢時，參與了這家公司的重要會議。我看到有一位部屬，因為某些事情，感覺到自己被客戶誤會了，他受了很大的委屈，對他的主管這麼說：「老闆，如果這種事情發生在你身上，你不會生氣嗎？真的不會生氣嗎？我現在覺得好憤怒！」而此時，我看到這位主管非常認真的回答：「說真的，這種事情發生在我身上，我真的不會生氣！」

　　接下來，我看到那位部屬，在漫長兩個小時的會議中始終低著頭，默默流淚，不再發言，直到會議結束。事後我問這位主管，剛剛為什麼要這樣回應呢？他說：「老師，我真的不會生氣啊，我為什麼要說謊？而且被客戶講幾句就要生氣，EQ 的

管控那麼差，他以後要如何勝任業務的工作？！」

看完這個案例，請靜下心 10 分鐘思考一下，這主管說得對、還是不對？

如果對，那為什麼部屬不再表達意見，還流著委屈的眼淚？

如果不對，那要如何表達才能讓部屬得到安慰、重拾信心、再次勇往向前？。

其實同理溝通，並不是要你說謊，不是要你表達違心之論；當你誤解了同理心的定義，說話又直快，你就很難給予對方安慰與鼓勵。正確的同理溝通，是站在對方的立場，接納對方的感覺，承認他的權利。當部屬覺得很生氣、很委屈，對他而言，真的就是生氣和委屈；所以教練不要在第一時間就否定對方的感受，可以先接納對方的感覺；當部屬有了安全感，覺得自己的感覺是被接納和了解了，再給予建議，對方也比較能聽進去。

這也讓我想起處理過的許多關於婚姻諮詢的個案，男性大

多數較為理性，以目標導向，想快速找到問題的起因，來解決問題，所以比較不容易做到良好的傾聽與回應。例如聽到另外一半在抱怨工作上的事情，或對某個人有所不滿，做丈夫的可能就會說：「唉呀，算了吧，這有什麼好生氣呢？有必要氣成這樣嗎！」「拜託，別再計較了！人家又不是故意的。」如果身為男性的你這樣回應另一半，不但沒有安慰到對方，反而可能造成夫妻間的衝突。

其實同理是一種尊重、一種接納，尊重當事人的想法，接納他真實的感受。或許你不認同他的行為與做法，但你還是要先接納對方的感覺。對方生氣、憤怒、傷心、難過、委屈是真實的感覺，如果你不接受這樣的感受，對方也難以接受你的建議。

回顧一下第十一及第十二章，我們已經知道如何做到正確的同理心，如何貼切的回應部屬的內心感受，進而開啟良好的溝通氛圍。這些的確都很重要，但是做為領導者不能一直都存在同理中，畢竟問題還是要解決，目標還是要達到，績效還是

要做到。

只是每一個人都有不同的個性，要如何因材施教，如何溝通才達到最佳的輔導效果？在接下來的章節中，我們將闡述「溝通與輔導策略」課程的三個重點：

第一，神經語言學 NLP 的運用。

第二，快速分辨三種溝通類型。

第三，如何有效進入對方的溝通頻率？

這三個單元的內容將能幫助我們運用 NLP 的溝通技術，面對不同類型的人，都能達到更有效率的溝通輔導。

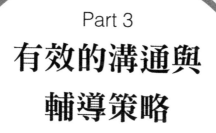

Part 3

有效的溝通與
輔導策略

. . . .

靈活運用這些技巧，
讓你成為卓越的領導、
傑出的教練。

第 13 章

初探神經語言程式學 NLP

　　在職場中，我們會發現，每個人的個性與行為都有所不同，有人是急驚風，有人是慢郎中。如果團隊中的每個人個性不同又堅持已見，團隊間彼此就難以溝通。我在企業做教練及顧問時，常常遇到類似的案例，部屬對主管反應：「我覺得你講話真的好快，有時候聽到你說話，我都感到好有壓力！」而主管卻對部屬這樣回答：「如果每個人都像你，反應這麼慢，想事情要想這麼久，那事情怎麼做得完，工作怎麼會有效率呢！」

　　因為我們每個人的成長背景都不相同，所以形成了不一樣的個性，也會有不同的表達方式；有些人說話並沒有惡意，只是說話的習慣，常令人感到不適應。但如果你的說話方式容易

造成別人對你的誤解，甚至造成對方無法聽進你的建議，這對輔導溝通而言，是非常需要改變的一件事。

因此，作為一個主管，若能依據部屬不同的人格特質，靈活的調整自己表達的方式，就可以因材施教，達成溝通輔導的目的。那麼我們要如何知道部屬是屬於哪種性格的人呢？而不同性格的人要如何溝通、如何輔導呢？教練又該如何作出適當的表達，才能在教練的角色中發揮最好的效果，幫助部屬改善現況、達成績效呢？

在此，我要特別介紹全球非常著名的NLP神經語言程式學。在我個人的學習領域上，已經鑽研NLP有超過20年以上的時間，並且長期運用在教育培訓、企業輔導、以及婚姻諮詢等等多重領域上。NLP的運用帶給我很大的幫助，同時也幫助了無數企業與家庭。

✎ 神經語言程式學的緣起

神經語言程式學起源自 1970 年，它的創始人之一是理查·班德勒（Richard Bandler）。他原來主修電腦科學，但後來對心理學產生濃厚興趣，於是成為心理學和哲學雙碩士；另一位創始人則是語言學家約翰·葛瑞德（John Grinder）。

他們認為，傳統心理學派在心理分析及諮詢、人員培訓、輔導溝通等方面，花費的時間太長，且效果反覆不定；更重要的是，那時候通用的溝通和輔導技術，如果運用在不同的人身上，會有不同的反應和差異。

於是他們決定找出一些方法來改變這個狀況，兩位大師就將催眠、家族治療、完形治療、溝通模式這 4 個學派的精華融合，再輔以最先進的輔導技術，整合成一個非常著名的心理學派，也就是神經語言程式學（Neuro-Linguistic Programming，簡稱 NLP）。如今 NLP 屬於臨床心理學的一門，在世界各地已被廣泛運用於商業溝通、企業培訓、成功學策略及心理治療等領域。

🖉 神經語言程式學的運用

　　神經語言程式學將人分為三種溝通類型：**視覺型、聽覺型、與感覺型**。請詳讀以下內容，就可以慢慢學習到自己和周邊的人大概偏重在哪個類型。而我們必須先理解的是：NLP 技術分析的並不是你天生的習慣和氣質，天生的習慣和氣質指的是你出生時的人格本質；NLP 更側重於社會化後個人的心理狀態分析，將藉由這項技術的運用而更加實際有效。

　　根據心理學家的觀察，有些人從小到大，在性格上並沒不會有太大的改變，依然還保有原來的個性和說話的方式；但是有些人成長之後，會與小時候的性格產生非常大的反差，幾乎和小時候、或者年輕時完全不同。

　　這裡舉一些在我們生活周遭常常看到的例子，有些人原本的個性屬於活潑熱情型，但是經過社會的洗禮，或多了人生的一些歷練以後，現在變得含蓄內斂；有人原本的個性屬於急躁激進，比較沒有耐心，但是現在卻學會凡事謀定而後動，三思

而後行。

我們大多數人隨著成長背景、工作環境、人生的歷程，在
個性上都會做某種程度的調整與改變，以適應不同階段的生活
方式，於是隨著時間的改變，就會慢慢塑造出不同的性格。

第 14 章

快速分辨 NLP
三種溝通類型

我們已經知道，在 NLP 溝通類型中，分為視覺型、聽覺型、及感覺型三種人，以下我們將要做一些分析和說明，讓大家可以快速了解自己，以及迅速判別周遭的人，是偏重在哪一個類型。

✎ 第一類型，視覺型

視覺型的人語速快、節奏快、思考反應快、呼吸也較快；有些人音調較高，聲音較大聲，肢體動作表情相對比較豐富；他們比較強調速度、效率、怕浪費時間、重視數字和績效。所以當你跟視覺型的人說話，如果語速太慢、太鬆散，你會聽到視覺型的人要求你：「講重點，講快一點。」

你可以想想看，在演藝圈中有哪些歌星、演員、或主持人是語速快、節奏快、思考反應快的，他們說話音調較高，肢體動作表情豐富，比較偏重視覺型？大部份人的印象中，大概像是吳宗憲、小S，陶晶瑩，沈玉琳等人，會是比較屬於視覺型的人。

✏ 第二類型，聽覺型

聽覺型的人呼吸緩和均勻，語速較適中，不急不徐；說話比較溫文儒雅，聲音有抑揚頓挫、韻律節奏；他們比較喜歡說故事、講例子，或是用比喻來論述。

當聽覺型的人要說明一件事情時，他們不見得會直接告訴對方要怎麼做，他們可能會說：「我舉一個例子給你聽，你大概就會了解了。」「之前有個雜誌報導你大概知道，就像你剛剛說的那個職場事件一樣……。」「我想起一個故事說個你聽，你一聽就會懂了……。」聽覺型的人不見得會直接跟你講道理，

他們比較會用舉例、或說故事的方式，來讓對方理解事情。

你可以想想看在演藝圈中，有哪些演員，歌星，或主持人是語速適中、不急不徐，比較溫文儒雅，歌曲的曲風較優雅、抒情、唯美，聲音較有抑揚頓挫、韻律節奏，喜歡說故事、講例子，比較像聽覺型的人呢？大部份的人也許會想到蔡康永、劉德華、費玉清、蔡琴、林俊傑、劉若英、鄧麗君、林志炫等人。

✐ 第三類型，感覺型

感覺型的人吸氣深沉飽滿，語速比較緩慢，肢體動作與表情會比較少；當你問他一個問題後，他有時候會低著頭思考，確認一下再慢慢回答你。感覺型的人比較謀定而後動，思慮比較周密，許多藝術家是屬於感覺型的人。

而感覺型也是 NLP 三種類型中，比較重視關係、重視感情的人，相較之下也較有同理心，也樂意協助他人。感覺型的人

表達時，常會帶有一些感受性或同理的詞彙，例如：「辛苦你了，真的不容易，我可以感覺到你最近壓力很大，真是不簡單。」

你可以想想看在演藝圈中有哪些藝人，語速較緩慢，肢體動作和表情比較少或比較小，你問他一個問題後，他有時候會低頭沉思。大部份的人應該會認為，像李四端、盛竹如、還有歌手張學友、周杰倫、蕭煌奇、蕭敬騰等，可能是比較偏向感覺型的人。

請靜下心來 10 秒鐘，針對以上視覺，聽覺，感覺三種溝通類型所做的分析，想想自己是較偏重哪一類型的人呢？如果你的答案是六成視覺、兩成聽覺、兩成感覺，你就是偏重於視覺型的人；如果你的答案是三成視覺、二成聽覺、五成感覺，您是屬於比較感覺型的人。

✐ 不同類型間 溝通易生衝突

　　視覺，聽覺，感覺三種溝通類型，如果單一傾向太強烈，在生活和與人互動中就會有一些相處的問題發生。例如你是一個九成視覺、一成聽覺、且毫無感覺的人，那麼感覺型的人跟你在一起相處時，肯定會有很大的壓力。

　　又譬如你是完全偏感覺型、缺乏視覺與聽覺，然而跟你相處的老闆或主管則是超級視覺型，你太慢，老闆過快，就像急驚風遇到慢郎中，很容易會一起發瘋的。

　　視覺型個性急快的老闆，遇到感覺型反應比較慢的部屬，老闆會覺得這個員工做事不夠積極、不夠努力，速度太慢，「這件事需要想這麼久嗎？」當他想交代事情給這位員工的時候，可能會不太放心。

　　但是部屬是偏慢的感覺型，偏偏遇到的主管是偏快的視覺型，他或許會覺得主管講話有點咄咄逼人，讓人覺得有莫名的

緊張和壓力；如果主管聲音又大、語調又重，就算主管沒什麼惡意，都可能會讓對方產生溝通上的誤解，甚至難以接受主管的建議。

當我們了解了 NLP 的溝通三類型，可以嘗試模擬一些情境：如果有一天，當你需要輔導不同溝通類型的學員時，你應該用什麼樣的方式與對方對話，應該運用什麼樣的表達技巧，才能讓部屬易於接受建議，最後達到輔導的目的。

第 15 章

如何有效進入對方的
溝通頻率？

當我們知道了怎麼分析自己以及對方的溝通模式，下一步
要學習的就是，「如何有效地進入對方的溝通頻率？」。

要有效地與對方溝通，我們第一個動作要調頻。什麼是調
頻？就像天空有航道，廣播有頻道，若飛機飛錯航道，會有撞
機的危險；若廣播頻道沒調準，你會聽到許多的雜音。所以當
我們發現自己與對方的溝通類型有所不同時，就必須調整我們
的頻率。

在 NLP 神經語言程式學中，所謂溝通中的調頻，指的就是
「模仿」。我們要學習模仿被溝通方的三個部份。

第一個，模仿他的文字語言。

文字語言指的是有些人講話時，會有一些口頭禪，或是在結尾時有些尾音，就像有人說話最後一個字會說：「喔，是啊，嘿啊。」換你在對他說話的時候，也可以運用他的結尾詞：「喔，是啊，嘿啊。」對方聽到這樣的話語時，會覺得特別親切，好像在哪裡聽過一樣。在他內心，他聽到的不是你的聲音，他聽到的是他自己的聲音，就會在瞬間感受到一種莫名的親切感。

請做個情境模擬，如果你在國外旅遊，一個人走在歐洲的街道上，突然聽到旁邊有人在講國語；在那個當下你的感覺是什麼？相信你會覺得好親切、好熟悉，會有一種「他鄉遇故知」的親切感。

第二個，模仿他的聲音語調。

聲音指的是節奏、速度、和口音。對方語速快，你就應該要快一點；如果對方語速慢，你就應該要慢一點，這叫「遇快則快，遇慢則慢」。

就好比有人非常熱情、非常高興、非常興奮地分享她旅遊的經驗，但你回應她的時候，只是冷冷淡淡說：「喔，那還不錯啦！」對方又跟你說：「當地的美食有多棒，甜點多麼地色香味俱全！」而你卻簡短又冷淡地回應說：「是喔？」很快地，對方會覺得跟你談話實在很沒趣、沒意思，感覺話不投機，也就不再願意跟你溝通交流了。

第三個，模仿他的肢體動作。

有些人講話時，會有比較豐富的動作跟表情，說話時習慣比手畫腳，有人則會翹腳、或是雙手交叉緊抱胸前、或是習慣托腮挑眉，這時你可以適時的模仿對方的肢體動作。

當然也有人說話是比較沒有什麼動作表情、甚至喜怒哀樂，這個人永遠是同一副臉孔；當輔導溝通的對象是屬於講話沒什麼動作表情的人，那你可以模仿他的速度節奏，就是他快一點的時候，你就快一點，他慢的時候，你就慢一些。

在我的課程中，每次我都會邀請學員上台和我實際演練。

當我們模仿彼此談話中的文字內容、聲音語調、和肢體動作時，學員這樣告訴我，他彷彿看到對面有個熟悉的畫面，感覺好親切，不知道這個人在哪裡看過。而我告訴學員們，「為什麼你會感到熟悉，因為你看到的是自己。」這在心理學中稱為「鏡像效應」，就好像在鏡子中看到自己一樣。

如同我們過去曾學過的一個英文單子「Like」，Like 這個單字有兩層意思，一個是「相似」或「相像」，另一個是「喜歡」。當你模仿對方的聲音，他聽到非常相似的聲音；當你模仿動作，他看到非常相似的動作表情；他會覺得，「這個人跟我好像。」潛意識中，他就會莫名地喜歡上你。

所以溝通過程中的模仿，會帶來兩大好處：

第一，快速建立瞬間親和力，拉近彼此的距離。

第二，與對方建立安全和信賴感。

安全和信賴感是良好對話的基礎，當對方信賴你，對你也

有足夠的安全感，對方就會將隱藏在心中的祕密說出來，也會比較容易接受你的建議。如果有機會，建議大家找個對象練習一下模仿的技巧，嘗試進入對方的溝通頻率，你就會真實體驗到模仿所帶來的效果。

最後，回顧第十三至第十五章的重點，我們學習到了神經語言程式學 NLP 的運用，將溝通類型分為三種。

① 視覺型：語速快，節奏快，思考反應快，肢體動作表情較豐富，比較強調速度、效率，怕浪費時間，重視數字和績效。

② 聽覺型：呼吸緩和均勻，語速較適中，不急不徐，說話比較溫文儒雅，聲音較有抑揚頓挫、韻律節奏，喜歡說故事、講例子，或是用比喻。

③ 感覺型：吸氣較深沉飽滿，語速較緩慢，肢體動作較小和表情比較少，凡事也比較謀定而後動，思慮比較周密。

接下來我們學習了「要如何有效進入對方的溝通頻率」，

當教練發現自己與對方的溝通類型不同的時候，就必須立即作頻率的調整，才能進入對方的溝通模式。而調頻就是「模仿」，模仿對方的文字語言、聲音語調、或肢體動作，就能快速地進入對方的頻率，瞬間產生談話的親和力，帶給對方安全感。

透過這些學習，教練們可以知道如何運用 NLP 的學理架構和運用模式，在溝通輔導之前就可以對部屬做觀察。當教練對部屬有了更清楚的了解與認識，再透過調頻模仿的技巧，就能掌握良好的溝通契機。

雖然模仿可以很快建立對話中的安全感和親和感，但是在執行模仿的技巧時，還是有些地方要特別注意，否則可能產生反效果。因此在下一段內容，也就是「有效溝通與輔導的策略」第二部份，我們將學習三個重點：

第一，模仿的四大忌諱。

第二，三大類型的溝通策略。

第三，有效溝通三步驟。

掌握要訣，讓身為教練的你，留給部屬的不再是「印象」，而是「影響」！

第 16 章

模仿的四大忌諱

在上一章我們談到針對不同類型的人，在溝通輔導時透過調頻模仿，可以達到兩個效果。

第一，快速建立瞬間親和力，拉近距離。

第二，與對方建立安全和信賴感。

只是在我們模仿的時候，有**四大忌諱**，請大家務必要留意，不要犯下這些錯誤；否則反而會產生反效果，甚至鬧出笑話。

第一個忌諱：不要「立刻」進行同步模仿。

什麼叫「同步」？我們舉個例子，當對方說話的時候，一邊說話、一邊動來動去，而你在聽對方說話時，也模仿對方動

來動去，對方可能覺得你這個人的行為舉止很詭異。

那麼什麼時候才是模仿的時機呢？當對方說完話後，你在回應對方時，試著模仿對方的文字語言、聲音語調、與肢體動作，對方才會覺得這個人好像在哪裡見過，他似乎看到鏡像裡面的他自己，就容易建立親和力，彼此產生共鳴。

第二個忌諱：模仿速度不要太快。

當對方作出任何肢體動作的改變時，如果你馬上就跟著做，當然很容易會被發現，對方也會覺得你的反應很奇怪。

正確的做法，應該是在對方講完話的 2~3 秒後，在你回應對方的話語時，用比較自然的姿態模仿同樣的動作，對方就不容易發現你在刻意模仿他。

第三個忌諱：模仿的次數、頻率不要太多太高。

我們簡單舉個例子，對方經常在幾段話裡面，就會有一些口頭禪出現，像是：「對啊、對啊」「是啊、是啊」，而且出

現的次數跟機率很高，如果你也模仿對方，經常在回應中出現：「對啊、對啊」「是啊、是啊」。這樣過度頻繁的模仿，反而讓對方覺得你很刻意，甚至會產生「你現在是在嘲笑我嗎？」類似這樣的感受。所以切記，模仿的次數頻率不要太多、太高。

第四個忌諱：不雅的動作，請千萬不要模仿。

因為每個人個性不一樣，所以在談話過程中，呈現的表情和肢體動作也各不相同；因此，或許有些動作是不洽當或不雅的，當然就不宜模仿。

比如說，如果對方出現一些類似挖鼻孔、翻白眼、吐痰的不雅行為，或者對方講話有些結巴，這些是千萬不能模仿的動作，否則可能會產生溝通上的反效果，反而讓對方誤以為你是在歧視他、或嘲笑他。

在模仿的過程中，如果能避免這**四大忌諱**，就能進入對方溝通的頻率，透過「鏡像效應」，讓他彷彿看到鏡子中的自己一樣，就能快速建立彼此間的安全感與信賴。

第 17 章

NLP 三種類型的
溝通策略

　　當身為教練的你，透過模仿調頻進入對方溝通頻率後，接下來該如何有效地溝通輔導，才能達到事半功倍的效果？在這裡，針對視覺、聽覺、感覺三種不同溝通類型的人，逐一來做說明。

✏ 對視覺型請這樣溝通

　　首先我們針對**視覺型**來說明，視覺型的人因為語速快、節奏快、思考反應快、強調速度效率、怕浪費時間，所以與視覺型的人對話，要注重「產生影響」和「說服」。在溝通對談時，我們可以運用三種做法：

第一，儘量要讓對方看到。

什麼叫看到呢？就是要提供相關的數字、報表、資料、或證明文件、實證數據等等。你一邊說，對方一邊看；在這個過程中，對方會有這樣的感覺：「你有用心，有準備」「感覺起來，這是個專業的人，應該可以信任，我可以接受他的建議！」

如果是主管要激勵下屬，儘量要描繪願景，讓對方看到成功的畫面，這會讓對方比較快速進入你的模擬情境中，產生激勵的效果。

第二，說話要有邏輯、歸納的能力。

視覺的人重視速度和效率，如果你講話太慢，太鬆散、太跳躍，或者繞來繞去還沒講到重點，對方的耐性會漸漸失去。所以和視覺型的人溝通，要先想好要講的主題是什麼？如何讓自己說話有邏輯、有架構、有起承轉合？因此和視覺型的人溝通前要先做好準備，視覺型才較容易接受你的建議。

第三，要說重點，強調獨特、差異和效益。

面對視覺型的人，說話的重點，就是要告訴他為什麼要這麼做？這麼做的好處在哪裡？對自己或公司最大的幫助是什麼？為什麼要投入這筆資金？那麼，不這麼做又會導致什麼樣的風險、遺憾和損失？必須讓視覺型的人感受到做與不做、改與不改的差異和效益，才能強化視覺型的人做這件事的企圖心和動力。

✐ 對聽覺型請這樣溝通

接下來我們要談到第二種溝通類型——「聽覺型」。那麼，我們怎麼對聽覺型的人來做有效的溝通輔導呢？

第一，述說他人的見證。

聽覺型的人在思考上有自己的一套邏輯模式，當你要給聽覺型的人建議、或提醒時，說法是不一樣的。當你要給他建議

時，儘量不要直接要求他：「一定要這樣做！」或「你不能這麼做。」例如主管對部屬說：「我建議你，這個問題你最好要這樣做、只有這樣處理，才能夠解決。」對有些聽覺型的部屬而言，如果他心中早就已經有了自己的想法，可能就會產生反彈：「難道一定要用這種方法嗎？難道其他的方法就不行嗎？」「為什麼總是這麼守舊，為什麼不試試別種方法呢？」

所以對於聽覺型的人，我們若是要給他們建議，在這裡提出一個之前在教練輔導中的成功案例作為參考。主管對部屬說：「你剛才告訴我這件問題應該這樣做、這樣解決，上禮拜另一位同事也發生過跟你同樣的問題，我發現她用另一個方法，處理得非常好。所以，她的作法你也可以試試看，或許有意想不到的效果也不一定。」

當主管用成功的見證或案例，來表達及提出建議時，你可能會聽到部屬這麼說：「如果她面臨的問題和我一樣，而且她處理得很好，那我就來試試看她的方法。」用這種舉例的方式，對聽覺型的人而言，會比較容易接受建議。

如果要給提醒呢？請注意，千萬不要對聽覺型的人直接說：「這件事不能這樣處理，我建議你最好要如何如何，否則一定會出大問題。」如果對方心中已有定見，可能心中又會產生反彈：「你不做怎麼會知道不行？每次都這樣說，一點創意都沒有！」所以他很難接受您的提醒。

因此要讓聽覺型的人放下心中的想法，不再堅持己見而接受你的建議，我們也可以嘗試運用一些失敗的見證或案例，例如主管對部屬說：「你剛才告訴我這件新產品應該如何設計、如何生產，但是上禮拜別的部門，就是用你剛剛設想的方法去嘗試，結果發生一大堆問題，最後還被老闆指責一頓。我很擔心，如果你要這樣做，歷史可能會重演。」

或許當這個主管講完後，就會聽到聽覺型的部屬這樣回應：「還好主管有跟我說這件事，否則我真的想試試自己的方法，只是如果因此失敗的話，就太得不償失了。」所以對聽覺型的人講一個失敗的個案，會比說道理更具有說服力。

第二，要多說故事和隱喻。

好的故事會讓你的話語更有影響力；好的隱喻，後面代表著千言和萬語。當然，說故事確實需要技巧，在我們「如何說好故事」的課程中，教導學員要將故事說好，得先想好三個部分：

① 我說這個故事的目的是什麼？要帶出什麼重點？想達到什麼樣的效果？

② 說故事要有起、承、轉、合，要有先後順序、來龍去脈，這樣故事聽起才會有邏輯，才會流暢。

③ 要引領對方去思考，這故事中的人、事、物是在提醒他什麼？是否可以學習這故事中的方法和策略，來改變他的現況，解決他的問題？那麼教練講這個故事，才會有意義，才能達到最好的目的。

還有，熟背故事也是很重要的，如果你講故事講到一半居然說：「嗯⋯⋯對不起，接下來我也忘了！」那會非常尷尬，

Part3 有效的溝通與輔導策略
靈活運用這些技巧，讓你成為卓越的領導、傑出的教練

在教練溝通上，也會產生反效果。另外，在熟背故事之後，更需要自己練習講講看，這樣才會更加熟悉這故事的人、事、時、地、物，也才會知道如何表達、如何鋪陳，故事說起來才能流暢自在。畢竟練習的次數，會決定熟練的程度。

第三，聲音要有節奏和變化。

聽覺型的人對聲音會比較敏感，所以在對話中，如果你的聲音較有抑揚頓挫及韻律節奏，咬字也清晰，聽覺型的人會覺得：「講得很中肯，滿有道理的。」可是如果你的聲音太尖銳、太刺耳、或者聲音太過濃濁跟混雜，那麼聽覺型的人聽到最後，會覺得聽你講話很累、很吃力，甚至覺得不舒服。

所以面對聽覺型的人，應該要在表達的時候，讓自己的聲音更有抑揚頓挫，多些層次和變化，才會讓聽覺型的人，在潛意識中覺得聽你說話很舒服，產生愉悅的感覺，也就較能接受你建議，增加對他的說服和影響力。

✎ 對感覺型請這樣溝通

最後，面對第三種「感覺型」的人，又該如何作有效的溝通呢？感覺型的人因為重感覺、重關係，需要一點時間來思考，所以與他們對談時，請掌握以下三點原則。

第一，要放慢節奏與速度。

感覺型的人因為思考較完整、細膩，所以會需要多一點時間來思想。因此，當你與感覺型的人對話時，如果你的語速太快又急躁，會讓感覺型的人產生莫名的壓力和緊張感。所以與感覺型的人溝通對談時，可以先放慢自己的速度與節奏，要符合感覺型的溝通頻率，才能達到更好的溝通效果。

第二，適當的肢體碰觸。

面對感覺型的人，在讚美或同理的過程中，可以在適當情境和氛圍下碰觸對方，這不僅可以快速建立關係，拉近彼此的距離，也可以強化讚美和同理的效益。例如，讚美部屬時，主

管說：「小劉，這一個月以來，我看到你積極的工作態度、認真負責的工作精神，真的非常棒，大家應該向你多多學習。」在此時稍微拍一下小劉的肩膀，會大幅強化讚美的效果。

或者，主管在安慰部屬時這樣說：「小莉，我知道面對這些問題並不容易，但妳可以在這麼大的壓力下、這麼短的時間裡，依然把事情處理得那麼好，這陣子辛苦妳了！」此時稍微拍一下小莉的肩膀，也會強化安慰的效果。

那麼，什麼樣的肢體碰觸才是恰當而不踰矩的？手臂、手腕和肩膀都可以，當然肩膀會是比較適合的部位。但如果對方是異性，請注意，儘量不要碰到人家的皮膚，因為有些人對這樣的接觸非常反感。

第三，多關心、同理、讚美與肯定。

感覺型的人因為較注重關係和感情，所以一開始和他們溝通對話時，請不要馬上就切入今天所要談的主題，而是要先聊心情，之後再談事情。例如，主管知道部屬的媽媽最近生病住

院，那就可以適時的關懷一下，在適當的時機問問部屬：「媽媽身體狀況還好嗎？需不需要什麼幫忙？照顧家人很辛苦的，你自己也要注意一下自己的身體。」

當主管先表達關心之意後，對感覺型的人來說，會感受到主管的溫暖與關懷，接下來雙方再談工作上的事情，部屬會比較容易接受。

或者主管知道部屬出外旅遊，看到她在社群中貼上旅遊的照片，敘述心情，當主管要找部屬討論工作上的事情時，千萬不要一見面就急切的切入主題；建議可以先和部屬閒話家常一下，簡單的和她聊聊這次旅遊的經歷，讓彼此一開始的談話，是在較為輕鬆自在的狀況下進行。這可以讓感覺型的人感受到，「主管有關心我的生活，他重視我們之間的關係。」而後再討論工作上的事情時，部屬也較容易接受主管的建議。

第 18 章

有效溝通輔導的
三個步驟

　　總之，在教練輔導的過程中，不能只是依據教練自已的個性或習慣來做輔導，而是要針對不同類型的人，給予不同的溝通方法，才能達到最佳的輔導效果。而有效的溝通輔導，可包括以下三個步驟。

　　第一步驟，分辨於前。

　　輔導對談前，教練要先分辨對方是視覺型、聽覺型、還是感覺型的人，畢竟「了解人、認識人，才能有效幫助人。」所以針對視、聽、感三種不同溝通類型的人，教練必須對他們的特質有所了解，才能在溝通輔導時做好第一個步驟：「分辨於前」。

第二步驟，調頻為中。

當教練發現對方的溝通類型與自己不同時，教練必須隨時調整自己的頻率，適時的模仿對方，進入對方的世界，營造一個親和又安全的溝通氣氛。

第三步驟，策略為後。

當教練進入對方的頻率後，不能用自己的習慣或個性來溝通，而是要依據對方的溝通類型，用適當的溝通策略來進行對談，才能達到事半功倍、有效率又有效果的輔導。

最後，針對第十六至第十八章的重點作個整理，一開始我們談到「模仿的四大忌諱」：

第一，不要立刻進行同步模仿。

第二，模仿的速度不要太快。

第三，模仿的次數頻率不要太高。

第四，不雅的動作，請千萬不要模仿。

接下來的第二個重點是「三大類型的溝通策略」，針對視覺，聽覺，感覺三種不同類型的人，運用適合他們的溝通策略，來達到最佳的輔導效果。

最後我們學習到的第三個重點是「有效溝通輔導三步驟」，包括：

第一，分辨於前。

第三，調頻為中。

第三，策略為後。

在接下來的章節，我們要學習「帶人的技術」中最重要的教練技巧，也就是「教練輔導四大步驟」，包括：

① 同理於前。

② 引導為中。

③ 教導為後。

④ 激勵收尾。

我們將透過工作中不同的案例，將這四大步驟逐步拆解、示範，讓大家知道如何靈活運用這些教練輔導的技巧，並透過「刻意的練習」，讓你信手拈來，就能發揮觸動人心的領導力！

第 19 章

教練輔導的四大步驟

　　談到教練輔導，我將它拆解為四大步驟，分別是：**第一，同理於前；第二，引導為中；第三，教導為後；第四：激勵收尾**。讓我們透過實際的練習，來學習了解這四個步驟。

✏ 同理於前

　　不少主管聽到部屬訴說在工作、人際關係、或者在績效上遇到的困難時，第一時間的反應，就是想儘快地給部屬分析或建議，甚至會想說明是非和道理。但太過激進積極的態度，往往讓部屬聽不下去，也可能會在溝通對談中，造成彼此緊張的溝通氛圍，最後弄得不歡而散。

151

因此，主管在第一時間，若是聽到部屬對工作有所抱怨，或正在宣洩負面的情緒，可以先採取第一步驟，用「同理於前」的四句話做回應：

　　「這個問題的確有點挑戰，壓力真的不小，換作是我也一樣，這陣子辛苦妳了！」

　　我們針對不同的情境來模擬練習一次，如果部屬對主管說：「這個專案這麼困難，給我的時間這麼短，分配給我的人力和資源這麼少，我怎麼可能做得完？」如果主管這樣回應：「所以你才要更努力啊，為什麼你總是那麼多理由和藉口？」我想任何一個部屬聽到這樣的話，一定會更生氣、更沮喪。

　　那麼，如果此時主管用「同理語言」的四句話來回應：「這個專案確實是有點挑戰，壓力真的不小，換作是我也會有一樣的感覺，這陣子辛苦你了！」如此的同理回應，部屬確實會得到一點安慰。

再舉另外一個例子，如果部屬抱怨的是人際關係呢？部屬對主管說：「經理，我覺得 Kelly 這個人真的很難相處，脾氣暴躁，說話又不懂得尊重別人，每次開會，沒聽人說幾句話就會打斷對方，跟她合作一個案子真的很麻煩！」如果沒有同理心的主管會這麼說：「你不要想這麼多，Kelly 不是故意的，她其實沒有那個意思。你也別跟她太計較，不然把彼此間的關係搞壞了，案子你還是得做，這又何必呢？！」如果部屬聽到主管這麼說，他可能會變得更不高興，因為他覺得，主管在幫 Kelly 講話，根本沒有站在自己這邊。

　　在此刻，主管該怎麼用「同理語言」的四句話來作回應呢？他可以說：「同事之間的相處的確有點挑戰，要把人際關係搞好，壓力真的不小，換作是我也一樣的，這陣子辛苦你了！」請注意，在第一步驟「同理回應」並沒有解決問題，只是讓對方覺得，「你了解我，你能體會我的心情。」因此在此不做分析，不給任何建議和批評。

✍ 引導為中

接下來的第二步驟，就要「引導思考」，千萬不要教導。請大家注意一點，如果主管快速教導，給予解決問題的方法，那就無法幫助部屬學習獨立思考；太過急於給出建議，就無法讓部屬學習自我負責。因此教練在作出同理回應之後，接下來要引導，如果是上述的例子，針對剛剛部屬與 Kelly 之間所發生的衝突，要如何引導比較理想呢？

主管可以對部屬說：「你有沒有想過，面對現在這個情況，你該怎麼才能讓妳和 Kelly 重新建立良好的關係呢？」或是說：「你有沒有想過，面對現在這個問題，你要用什麼方法才能解決目前的問題呢？如果部屬回答：「有啊，我有想過，可是就是想不出來要怎麼跟 Kelly 好好相處！」

主管此時千萬不要告訴部屬如何去做，一旦快速給了方法，部屬就無法養成獨立思考和解決問題的能力，而是要繼續引導對方：「至少你應該想出一個辦法吧？」

如果部屬想出一個方法，主管就該給予一些正面的回應：「很好！你看你就想到一個了啊。」如果部屬又提出了第二個更好的方法呢？主管要給予更多鼓勵：「很不錯！你看你就想到第二個辦法了，在這麼短的時間內，就可以想到兩個解決方案並不容易，但是你卻做到了！我要你想，是因為我知道你有這種能（實）力，所以你要對自己有信心，你真的很棒！我們一起加油！」

然而在我的教練式輔導課程中，曾經有學員提出這樣的疑問：「老師，如果那位部屬想出的兩個方法都不好呢？如果他是真的去執行了，還是無法解決問題，那該怎麼辦？」

✏ 教導為後

接續以上學員所提出的問題，如果部屬所提出的方案，並不能解決問題，接下來就需要進入第三個步驟：「教導為後」。教練給予教導及建議時，可以在三個層面上運用：

① **自我的經驗：**主管可以將自己過去成功的方法和經驗，與部屬分享，節省部屬嘗試及摸索的時間。

② **他人的經驗：**主管對目前這個問題的解決，可能沒有經驗或者不擅長，此時主管可以問部屬：「你覺得這個問題誰比較擅長處理？他是怎麼做的？」就可以藉由他人的經驗，來幫助部屬解決問題。

③ **書籍或課程：**主管可以推薦一些適當的書籍、電影、或是網路影片，讓部屬從這些內容中得到反思，並參考經由這些管道所得到的方法，來解決目前的問題。

主管經由這三個層面所給出的建議，都可以補強部屬的不足，讓這個問題得以有效解決。回到上述的例子，接下來主管可以這樣說：「我這邊有幾個角度或幾個方法，你可以聽聽看，或許也可以給你帶來一些幫助。」「我曾經看過一本書，書名叫 XXXX，裡面有一些情境跟你現在面臨的問題很相近，你不妨買來參考看看，也許會有意想不到的效果。」

🖉 激勵收尾

接下來的最後一個步驟，就是「激勵收尾」，也就是當部屬跟主管談完後，要讓部屬懷抱著信心與力量，對未來充滿期待而離開。因此結束對話與溝通前，要將剛剛和部屬所談的內容，做出最後的歸納和整理。

接續之前我們所提到的部屬對工作有所抱怨的情境，主管要對部屬這麼說：「你還記得要解決這個問題，我們剛剛談了哪幾個具體的方案（法）嗎？我們討論了四個方法，你還記得是哪四個嗎？」

如果部屬說他忘記了，或者只記得兩、三個，就要請他去拿紙和筆。主管可以這樣說：「不要只靠記憶，要靠記錄，因為記錄才會增加記憶。去把紙和筆拿來，把剛剛我們討論的事項記錄下來。」

如果主管沒有 check 一下部屬是否有記住討論的內容，或是

寫的內容是否正確，也許當下雙方談得很愉快，但部屬回去後可能忘得一乾二淨，甚至不知從何做起。所以談話結束前，主管一定要再次確認，部屬是否有牢記所討論的執行方案。

如果部屬回答的執行方案很完整，主管此時可以這樣說：「如果能落實這四個執行計畫，一定能對問題的解決，帶來很大的幫助，我們下星期三下午 2:00 再聊一下。」

同時，主管應該要適時給予激勵：「在這一週要執行的四個計畫，你做到、做好的部份，這些經驗非常珍貴，希望你能分享給同事，相信也可以給大家很大的幫助。」「如果你在執行的時候遇到了瓶頸，別擔心，我會盡力的支援你，我們一起來解決這些問題。你來到我的團隊這幾年……（表達感謝），你的積極、認真、負責……（讚美肯定），帶給我很深的印象，你身上有許多美好的特質。就算這個專案會是很大的挑戰，相信我們一起努力，可以讓我們的團隊（部門）變得更卓越，未來我們一起加油！」

主管與部屬在對談結束前，能對部屬在工作上的努力和用心予以肯定，同時感謝部屬多年來對團隊、對公司所做的貢獻與付出，相信這會帶給部屬極大的安慰和鼓勵，讓他帶著更大的信心和力量迎向未來的挑戰，這就是完整的激勵收尾。

　　另外，主管在輔導對談的過程中，必須要清楚知道部屬對於問題解決的計畫為何，執行計畫的做法是否明確具體，並且還要追蹤進度，了解部屬的執行狀況。在談話結束後，部屬離開時，是帶著主管的鼓勵和祝福，讓他對於未來充滿了信心與盼望，以及帶著對目標達成的動力和企圖心，那麼這次的溝通輔導，才算是成功！

Part 4

建設性批評的技巧

. . . .

讓部屬能夠欣然接受建議，
達到團隊要求的目標。

第 20 章

建設性的批評

　　我們在之前的章節中，討論了許多溝通輔導的策略與技巧，讓做為主管針對部屬績效不佳、工作態度、人際關係……等等有所問題時，運用教練的技術，不急於教導給予答案，而是透過引導的方式、同理的語言，逐步了解部屬問題背後的真正原因，從根源上解決問題，幫助部屬建立獨立思考的習慣，進而提高解決問題的能力，並且培養正確的工作態度。

　　然而有時候主管面對部屬所犯的錯、所遇到的問題，並非有太多的時間可以循循善誘，了解所有問題逐步處理，而是需要當下指正部屬錯誤所在，同時給予建議，避免再度犯錯。

　　因此若是主管時間有限，當下與部屬無法談得太久、太深

入，又希望能處理現況，那麼就可以運用**「建設性批評」**技巧有效地解決問題。

建設性批評目的不是要責備他，打擊他，而是希望在安全的氛圍和信賴關係中，能直接點出部屬的問題和盲點所在，給予方向與建議，進而改變現況，達成輔導的目的。

要對方能接受我們建設性的批評，我們分為二個階段來討論。

第一個是「關係建立」。
第二個是「安全信賴」。

🖉 階段一，關係建立

如果溝通的雙方，平常就沒有建立彼此信賴的互動關係，就算教練善意的說話，對方都會懷疑曲解你。所以平日要靠誰來建立信賴的互動呢？唯有靠教練自己來累積。

建立信賴的互動關係，並不是上了諮詢輔導課程就可以完全學會，因為教練平常和這個人的相處、教練平日的言語、行為、品格、榜樣，都會影響教練跟這個人的關係好不好，我們在在第 5 章已經有完整的說明。

　　如果雙方關係已經惡劣到一個程度，說實話，我們在這個章節裡面所學習的技巧，是無法達到效果的。因為再怎麼好的技巧，對方都會保持著抵擋、防衛的心態。

　　所以關係要靠教練自己去建立。就像很多家長帶孩子來找我作諮詢，想要改變孩子的不當行為，我會這樣告訴家長：「要求改變孩子的行為之前，你必須先和孩子建立正確安全的信任關係。親子間的關係變好了，孩子就有動力改變自己；父母跟孩子的關係不好，孩子會懶得聽你說教。所以，父母要先建立與孩子間的信賴，才會有良好的互動關係。」

　　如果彼此間已經有了基本的關係，不一定說是多好的關係，但如果已經有了這樣的基礎；我們就可以進入第二個階段，就

是「安全信賴」。什麼才算是安全信賴呢？

✏ 階段二，安全信賴

在職場中，你是不是曾有過這樣的經驗，有時候我們發現我們跟一個人的關係還算不錯，可是卻得跟他討論績效的問題、他情緒的問題、他工作態度的問題，又例如我們必須跟孩子談到他功課不好的問題；在那個當下，對方如果開始有了防衛抵抗的心態，那就很難再跟他溝通下去。

所以，如果教練在溝通的當下，沒有辦法讓對方產生安全、感激、信賴感，你會發覺對方封鎖住自己的心，也會隱藏他背後真實的原因。所以，在平常就要建立好彼此間的關係，才會在溝通要求的當下，讓他充滿安全及信賴的感受。

我們先來了解一下什麼叫做「安全信賴」。良好的關係是在日常生活中所建立的，而安全信賴的感受，指的是溝通的當

下。在這裡，我特別用一段話來闡述：「在對話中，安全感及情緒的掌控是良好對話的基礎，當對方感覺到安全，通常他會容易相信，你現在所說、所做的、其動機是善意的，所以無需對你說的話產生防衛之心，而願意作事前的溝通和回應。」

但相對來說，如果對方感覺到不安全，甚至覺得你的動機是帶有惡意的，那麼，就算你所說的都是充滿善意的話語，所要求的都是基於善意的心態，那麼都會被對方懷疑及曲解。例如，對方會對你產生這樣的感覺：「你說我想太多是什麼意思？是我太敏感嗎？還是你自己沒把事情搞清楚、就做無理的要求啊！」、「你要我『不要計較』是什麼意思？我是個愛計較的人嗎？！最愛計較的人是你吧！！」。

相信我們在職場上、家庭中，或其他生活場景中，有很多的時候，對方常常覺得我們話中有話，對一些個性比較敏感的人，他們會立即產生防禦及抗拒的心態。

我曾經處理過的一個婚姻個案就是如此，老公這樣問我：

「老師，我覺得我老婆真的很神經質，那天回到家，看到她買了一件新衣服，我就隨口問了：「這衣服新買的嗎？」沒想到我老婆居然發脾氣的說：「干你什麼事啊？我花自己的錢不行嗎？」這位先生感到莫名其妙，他只是隨口一問，可是妻子似乎覺得先生好像要挑釁什麼，或者想指責什麼，所以就會產生阻擋防衛的心態及動作。

所以有些時候，在進入某些關鍵性的對話時，對方會感到壓力與緊張，即使我們已經表現出有效對話的舉動，反而會被對方防禦性的心態打斷，甚至自己會因此而被激怒。而且我們發現，當一個人感到不安全的時候，通常會有以下五種不安的現象。

第一個行為是「隱藏」。

對方開始不說出自己真正的想法、不做正面回應、只給出選擇性的表達。例如主管問部屬：「怎麼了，還好嗎？這個目標你做得到嗎？」部屬回答：「應該是可以啦，我是擔心有人

不能配合！」請問，是誰不配合呢？部屬沒有把真正的想法說出來，這代表背後隱藏了某些事情，若沒有問出問題的核心，這次的談話溝通是沒有效果的。

例如主管：「你覺得這個做法可以嗎？」部屬：「我覺得還算可以啦，但是要不要想清楚一點再做比較好呢？」這也代表部屬有些真實的想法，並沒有說出來。

第二個叫作「避免」。

你要問 A，對方卻回答 B，一直顧左右而言他，就是不碰觸問題的核心。例如：「你說那件事喔，你放心啦，我已經在進行了，現在進度還可以。那你最近身體有沒有好一點？」一直想從談話的主題中抽身，這也告訴你，你與對方的這段談話，安全感跟信賴感是不夠的。

第三個叫作「抽離」。

就是對方一直找理由、找藉口，不願意針對主管談的問題

Part4 建設性批評的技巧
讓部屬能夠欣然接受建議，達到團隊要求的目標。

做回應，想盡快結束討論。「這件事明天再說吧，我今天真的很忙，放心～明天我一定會提出進度表，跟你好好來討論這件事。」即使主管堅持把部屬請回來繼續談，效果通常也不會好。

第四個叫作「沉默」。

對方從頭到尾一直低著頭不說話，也不知道在想什麼，偶爾敷衍、回答一下：「嗯！嗯！嗯嗯！」、「嗯！沒意見。」這也告訴你，這段談話是完全沒有安全信賴基礎的。

第五個叫做「語言暴力」。

就是在對話中彼此已經有些情緒性的表達，甚至相互指責攻擊，這是最嚴重的。

偶爾我們會看到、或者經歷過，有些溝通的場合，有人講話已經不再尊重彼此，甚至到惡言相向的地步。例如有些人在職場中，控制不了自己的情緒，甚至敢對主管說出違背職場倫理的話語，或者在會議中咆哮。

「你不覺得，你講的這個建議太愚蠢了嗎！」

「你的想法簡直離譜，會支持你的都是笨蛋。」

「說話不尊重別人的，也別指望別人會尊重你。」

「我討厭、也厭倦了你每次說話的那種樣子。」

「你說會支持我的想法，說實話不要再騙人了！」

「你說的我們都知道了，不要再重覆了好嗎？」

當然在婚姻關係上也經常發生類似的情形，你想好好跟對方溝通，對方卻對你使用語言暴力，即使你再怎麼用心說話，也不會產生效果。

所以這五種現象告訴我們的是：在沒有安全信賴的基礎中對談，基本上是沒有用的，因此建立良好的安全信賴氛圍，是有效輔導的重要關鍵。

✏ 有效建設性批評三步驟

　　教練在輔導對談過程中，希望對方改變某些行為，或者向對方提出適度的要求，但是部屬產生了抗拒性的五種回應；對方用行為或不好的態度告訴教練，無論現在要討論的主題是什麼，結果都是「無效」，那我們該怎麼繼續下去？這時我們必須運用「有效建設性批評」的三步驟：

第一，退出對話。

第二，重建安全。

第三，進入對話。

　　「退出對話」不是要教練離開現場；退出對話的意思是指，本來這次要討論的主題，暫時不繼續下去，這叫「退出對話」。例如本來主管想提醒一下部屬，他的工作態度不佳或與同事相處有問題，並給出建議要求改善，但是部屬產生了上述五種抗拒的反應，那麼主管就應該暫時停止這個議題，因為在部屬抗拒的心理狀態下，給予任何建議通常是無效的。

接下來，教練所要做的是第二步驟**「重建安全」**。安全的氣氛建立好了，部屬會開始覺得，主管對自己的態度，是懷著善意、是想幫助他的。在這樣的心境下，才能夠進入下一步的對話，**「進入對話」**就開始了建設性的要求。接下來，我們一起來探討：什麼是「重建安全」。

✐ 階段二，重建安全

關於重建安全有兩大重要關鍵：第一，內在自我對話。在對談過程中當你看到對方態度不佳、表情不悅、虛應閃躲你所問的問題，甚至沉默不語……甚至消極的回應你、不尊重你，虛應了事的回答你所問的問題，請問如果你看到對方這樣負面的反應，聽到對方這些負面的言語，你心中會有什麼樣的想法？

「怎麼又是這種死人德行，真是受不了！」

「怎麼這麼喜歡辯，又在找理由和藉口！」

「拜託，什麼態度？！他以為自己是誰啊！」

如果在那個當下，你內心的自我對話是如此，你的思考開始受到負面的影響，你的表情和表達會越來越不健康，越想就會越生氣。所以如果要避免這種現象，在關鍵時刻的當下，你的內心一定要有「健康的對話」。

在此時你可以先問自己一句話：「我找他談真正想達到的目的是什麼？」是要罵他、責備他、羞辱他、還是要幫助他？

請注意，當你發現自己開始有了負面情緒時，請你要刻意回到健康正確的思考中，不要一下子被對方激怒；如果你失焦了，問了不該問的問題，你的思考就會陷入誤區，反而造成溝通失敗。

所以，第一個內心對話，應該告訴自己：**「我真正要的是什麼？」**然後問自己，「我今天找對方來不就是為了要幫助他嗎？協助他，希望他變得更好嗎？」，當你回歸到初衷，才能有效管控情緒，回歸對談的目的和本質。

接下來可以問自己，**「他要的是什麼呢？」**。「他是希望我在這邊尊重他、同理他、讚美他、肯定他，還是希望我在這邊暫時放他一馬，不要收到批評跟指責？」所以，當我們思考對方要的是什麼，才比較不會掉入對方的負面態度和情緒裡。

　　然而，要作出這麼理性的即時反應，其實並不容易，真的並不容易。對於一個個性比較急躁的教練或主管，其實他是很難一下子從自己的負面情緒中反應過來。因為在個人長期做諮詢輔導的人生經驗中，透過刻意練習，漸漸養成「站在對方的角度來思考」這樣的習慣，於是在我諮詢輔導的時候，如果看到對方瞬間表情不對、態度不佳，我通常會立即進入上述的思維模式，並且問自己這兩句話：

　　「我真正要的是什麼？」、**「他要的又是什麼呢？」**，所以較能回歸初衷，少被激怒。

　　如果你覺得這兩句話太過理性，自己很難在情緒波動的狀況下迅速冷靜下來，請大家不要灰心，在此時可以直接問自己

兩句話：

「我現在該做什麼，才能讓氣氛改變？」

「我現在該如何做，才能讓關係重建，彼此雙贏？」

請大家注意，當一個人產生負面情緒、但又想對對方作出建設性的要求的時候，千萬不要對自己說：「為什麼？」例如，「為什麼我都好言相勸了，你還這樣強詞奪理？」「為什麼給你這麼多機會了，你還是繼續犯同樣的錯誤？」「為什麼我都已經給你台階下了，你還不知輕重，強詞奪理？」

當你一直陷入「為什麼、為什麼、為什麼？」的迴圈時，你跟對方都會更生氣。就好像一個要減肥的人跪在地上，望著天空大聲呐喊：「老天爺，你為什麼讓我這麼胖？」光問這句話，是永遠無法瘦身的。

第 21 章

關係重建的**外在技巧**

在上一章我們提到，在面對部屬用不當的態度和不好的情緒與我們對話時，不要問**「為什麼？」**，因為不斷地問「為什麼？」會漸漸陷入情緒的沼泥中，最終無法自拔忍不住開罵。

因此在關鍵時刻要對自己說：**「如何做？」**我該如何做才能讓現在氣氛改變？我該怎麼做才能讓他不會誤會我？我該如何做才能關係重建？如此的內心對話才能快速從負面情緒抽離，回歸今天溝通的目的。

那麼該如何做呢？在這裡就要來討論關係重建的外在技巧，這些技巧最主要包括**「幽默」**、**「撒嬌」**、**「同理」**、**「讚美」**。

Part4 建設性批評的技巧
讓部屬能夠欣然接受建議，達到團隊要求的目標。

✎ 第一個技巧，幽默

幽默在人際關係的建立中，扮演很重要的角色。當處在尷尬的氣氛中，若能有幽默感或善用幽默技巧，可以用簡單的一句話就四兩撥千金、化干戈為玉帛，所以幽默是重要的溝通能力，也是一種個人魅力。

請靜下心來，想想自己，問問自己：「我是個幽默風趣的人嗎？」，如果你覺得自己是個幽默風趣的人，這個回答還真的滿幽默的！（哈哈，開個小玩笑）

幽默是態度、還是技巧？我覺得是**「態度在前、技巧在後」**。幽默的人面對嚴肅的事情時，能夠以輕鬆的角度來看待；面對悲觀的事情，會用樂觀的心情來處理，認真而不至於過度認真。過度的認真，會讓對方跟你相處時產生壓力，自己也很難釋放自己的情緒。

所以，幽默是一種高度的彈性行為。有學員曾經問我：「老

師，我要怎麼增加幽默感呢？我很想做個幽默的人，可是我幽默不起來啊！」

其實個人認為，第一個辦法，多看卡通影片很有幫助。可是又有學員說：「老師，你是說真的嗎？我認識一個朋友，看了 20 年卡通，還是非常嚴肅！」我建議這個學員，請他問看看他朋友到底看的是哪一種卡通？如果這個朋友連看卡通的態度，也是超級認真，甚至看卡通看到產生極度理性的反應：「太誇張了！世界上怎麼可能會有這種事情？！」那麼他要幽默真的很困難，因為它只是個卡通啊。

想增加自己的幽默感，我經常推薦一個方法，就是經常跟幽默的朋友在一起，在相處的過程中，你自己也會開始輕鬆幽默起來。或是看看笑話小集，背一些笑話試著分享給親友，或在網路上觀看有趣的影片或喜劇電影，模仿其中好笑的段子和特別的梗，花點時間自我練習，你會漸漸發現自己越來越有幽默的技巧和能力。

✏ 第二個技術，撒嬌（女性專用）

曾經有學員這樣問我：「老師，如果我在需要幽默的那一瞬間，沒有辦法產生幽默感，也說不出幽默的話語，我真的很難做到幽默，那我該怎麼辦？」我們不否認，有些朋友個性比較嚴肅，要成為幽默風趣的人確實需要一些時間的學習，但建議你要放開心胸，持之以恆的練習，你將發現，自己的幽默感會慢慢提升。

事實上，如果幽默運用得不好，請試試看第二個技術。第二個技術是專門為女性設計的：「**撒嬌**」。男性朋友在職場中請儘量不要使用，否則同事反而會覺得你怪怪的。

撒嬌非常好用，只是很多女性學員來作婚姻諮詢時，經常告訴我：「老師～我看到那些朋友撒嬌的樣子，我真地撒不出來～」。

「撒嬌是放低身段、是謙卑柔軟、是柔中帶剛，撒嬌蘊含

無限愛意、及行為中高度的彈性。」

「女人可以堅強，但女人不能過度堅強。」

我們經常觀察到，過度堅強的女性，在婚姻及情感的世界裡往往得不到應有的照顧。她們能力很強，大事小事都會做，但是如果凡事都自己做了，妳的另外一半沒有機會為這個家做事、表現，他可能就會跑到別人的家裡去做了。

也有不少的學員諮詢時跟我說：「老師，撒嬌我是高手，問題是，我們家那口子他完全不吃這套啊。」我會做個模擬，常常我會問學員：「那妳真的會撒嬌嗎？妳做一次讓我看看，我們確認一下妳是否用對了技巧，還是撒錯嬌。」

不幸地，很多時候，我一看到學員撒嬌的模式，立即的反應就是：「妳知道嗎，如果我是妳老公，真想 K 妳一頓。」撒嬌不一定是要嗲聲嗲氣的，撒嬌偶爾要裝軟弱、裝不會；就算你會做這件事，也要假裝不會。這裡，我舉一個最簡單的例子，

Part4 建設性批評的技巧
　　　　讓部屬能夠欣然接受建議，達到團隊要求的目標。

我現在講的是大數法則，請大家不要過度陷入這個情境，畢竟每個人嫁的丈夫個性不一樣，但很多都是如此。

電燈壞了，是老公修、還是老婆修理？有些老公很奇怪，老婆跟他講了三個月，他還是不修。老婆乾脆說：「算了、算了，我買燈泡自己來換，每次等你做一件事不知道要等多久！」那我告訴女性朋友們，萬一妳這樣說、也這樣做了，那麼換燈泡這件事，妳這一輩子都得包辦了。

與其妳這樣說：「真的煩死了！我乾脆自己換燈泡比較快。」或者妳可以換個作法，妳把燈泡買回來，跟妳的另一半說：「老公，我知道你累了一天，休息一下，我已經把燈泡買回來，可不可以麻煩你幫我換一下？都買回來了，就換一下嘛！（撒嬌的語氣）」，而當妳先生幫忙換完燈泡之後，妳要適時的再撒嬌一句：「哇～好幸福喔！能夠嫁給你真好！」以後燈泡壞了，不需要妳提出要求，妳的另一半會自動幫妳把燈泡換好。（當然燈泡可能還是要妳買啦，哈哈！）

各位女性朋友們知道男人最在乎什麼事嗎？男人在乎「被需要與價值感」，我們在乎我們存在的價值是什麼。所以在這裡真心跟女性朋友們建議，妳可以對另外一半常說四個字，會更加幸福的。哪四個字？就是……「皇上英明！」如果太噁心，說不出口，那就說「你最棒了！」也是可以的。

✐ 第三個技巧，同理

如果幽默，撒嬌對妳目前都很困難，那麼當我們在談話的時候，如果發現氣氛不好、關係緊張，感覺狀況不對了，這個時候，就可以運用「同理」的技術，來重建安全的溝通氣氛。

怎麼運用「同理」的技術來說話？讓我們模擬一個情境，當你跟部屬談績效時，對方感受到壓力，突然低頭沉默不說話，如果主管繼續講下去，也可能會越講越無力，因此在這當下，主管可以這樣說：「當然我知道，如果你這麼努力還達不到預期目標，心裡面一定很難受的，壓力的確也會不小，換作是我，

也是一樣的。所以這段時間真的辛苦你了。」並且跟對方點點頭，表示理解。

請靜下心 10 秒鐘，然後把這段話用溫和緩慢的口氣說出來，把點頭動作做出來。請練習三次，然後找到你覺得最有同理心、最能讓對方接受的語調及動作。

我們再試試看另外一個情境，來談談人際關係的衝突。一位部屬跟同事產生摩擦、相處不愉快，而這位部屬正在跟你抱怨；可是講到一半，氣氛又不對了。你可以這樣說：「和同事相處得不很愉快，你心裡面一定很不舒服，而且壓力也會不小，換作是我，也是一樣的，說實話，這段時間真難為你了。」請靜下心 10 秒鐘，然後把這段話用溫和緩慢的口氣說出來，把點頭動作做出來。請練習三次，然後找到你覺得最有同理心、最能讓對方接受的語調及動作。

在這兩個情境中，一個情境是主管對部屬講出，為了達成業績目標而產生的同理；一個情境是主管對部屬講出，關心人

際關係發生摩擦而發生的同理。現在請回想你剛剛所做的練習，你會發現，當你把「同理語言」跟「自我表露」兩個行為連結在一起，你所說的話語及展現出的肢體語言，會比較能夠產生感動，也比較能夠讓對方感受到你的同理！

好，把你覺得最有效的話語跟動作，再練習一次；如果你覺得還做得不夠，想看看哪些地方有不足，再加強練習幾次。

✏ 第四個技巧，讚美

如果跟對方用同理語言回應後，感覺溝通氣氛有稍微緩和，但還沒有達到我們預期的效果，在同理後還可以加上讚美。

我把同理和讚美加在一起，舉個說話的例子：「當然我知道，如果這兩個月來你這麼努力，卻未達到預期的目標，心裡面是不好受的，壓力的確不小，換作是我也是一樣，所以說真的這兩個月，真的辛苦你了。其實你做事積極、認真、負責、用心，

大家都有看到，我也發覺到，有時候事情做不完，你會留下來加班直到事情處理完畢，這都是我非常欣賞你的地方。」

加上讚美的話語會讓對方感受到，他平常工作的努力和認真主管有看見，當主管適時地表達對部屬的肯定，會在當下帶給對方鼓勵，讓部屬更加能開放心胸接受建議。

我們接續以上所討論人際關係的例子，來做個模擬，「和跟同事相處不愉快，心裡面一定不好受，壓力也會不小，換作是我也是一樣，所以說真的，這兩個禮拜，真的難為你了。其實你在同事之間的人際關係一向都非常不錯，當同事有任何需要請你幫忙時，你總是耐心的用你的專業來協助對方，使得工作表現、人際關係的互動格外良好，這也是我非常欣賞你的地方。」

接下來，請大家靜下心來，將以上的兩段話語練習三次，並且作出一些肢體語言，例如點頭、舉起大拇指等等。運用「同理加讚美」的技術，找出你覺得最適合的溝通方式，你會發現，這個技術在溝通輔導時非常有效。

第 22 章

切入對方問題的
溝通技巧

經過前兩章的理解跟練習，我們建立了良好的關係，進入安全及同理的對話模式，並且運用讚美的技巧，得到對方的認同。

回到上述的對話：「你的積極、負責、認真、用心，我都有看到，這也是為什麼我這麼欣賞你的地方。」那麼下一步我們要做什麼？就是切入對方的問題，協助並要求部屬解決問題。

✏️ 立即性的對話

我們試想一個情境，如果我們要求的是部屬業績的提昇，接續上面我們所談到的話語，我們可以接著說：「然而，如果

績效沒有辦法達成，其實長期下來對你、對公司都不是件很好事。畢竟身為你的主管，我對你是有一份責任的。」（記得要點頭），接下來拉回我們所要討論的主題，「所以你覺得，你沒有達成績效的原因是什麼呢？」，或是「所以你覺得，和同事吵成這樣的原因是什麼呢？」。

　　如果部屬一直低著頭都不說話怎麼辦？照理說，你已經建立了對方的安全感及信賴感，對方似乎應該出現類似的對話：「嗯，是這樣子的，主管我跟你講，因為這個、那個原因……」，部屬接著應該就講出問題所在。

　　可是，如果你運用了我們所討論的技術，釋出善意、重建安全，同理也同理了、讚美也讚美了，對方還是不說出心裡的話，那我們該怎麼辦？接著我們要學習的技術叫作**「立即性對話」**。

　　我們可以對部屬說：「我發現，我跟你在談話的時候，你都一直低頭不語，或許你感到有點壓力，有點緊張？或許不知

道該如何說明？只是，像現在這樣的溝通狀況，對我們彼此沒有太大的幫助，我也無法幫到你。所以我很希望，如果接下來我問你一些問題，你至少能對我做個簡短的回應，好嗎？」（記得要微笑點頭）

如果部屬點頭同意，你就要**立即的**，接著告訴部屬：「我要謝謝你，我發現我一跟你說完，你就開始回應我，我有看到你的努力，我們一起加油！」在接下來的溝通談話中，如果部屬作出第二次的正面回應、講得更多，你要立即並繼續鼓勵他：「我要再次對你說聲，真的謝謝你！」謝什麼呢？「我發現這幾分鐘內，不管我問你任何問題，你不但會回應我，也會提供不同角度的意見與看法，這讓我很感動，因為我看見你有在努力，所以我要再次謝謝你！」

請大家靜下心來，模擬一下我們剛剛所討論的情境，或者自己設定一個情境，練習一下不同的話語。我會建議大家可以把影像及聲音，用手機記錄起來，有空的時候放出來看看、聽

聽，你會更熟悉怎麼運用立即性的對話，對部屬作出建設性的要求。

🖉 台階用語的重要性

有時部屬犯錯，或績效未達到，或專案延誤了，當主管要了解他問題背後的原因，對他作出建設性的要求時，這時候，我們要運用一個技術，叫「台階用語」。

「我相信你絕對不是故意的！」、「或許你只是沒有發現而已。」、「我知道你絕對沒有惡意。」、「我知道你只是想快速解決問題。」……，這些都是台階用語的例子。在溝通對談的過程中，偶爾用一兩句台階用語，是可以緩和氛圍的，並且可以讓對方覺得：「好像我還有更正的機會。」、「老闆知道我沒有惡意。」這樣可以啟動健康的對話氛圍，所以這些話，在適當的情境下可以有效的運用。

接下來我們來做些綜合性的模擬練習。當你和部屬在對話時，部屬好幾次都欲言又止，甚至多次低頭不語，這時你對部屬說：「小劉，我希望在談話過程中，你可以做適當的回應，好嗎？」，部屬沉默了一下就說：「好啊，可是經理，你知道為什麼我每次跟你講話到一半，我就很難再繼續說下去嗎？因為我覺得你講話很急躁，而且每次跟你溝通，真的很有壓力，講不到一半你就打斷我的話，還要我講重點。每個想法，你都說很爛，不好，我實在沒有辦法繼續下去。」

當部屬勇敢對你說出這樣的話時，如果小劉說的是實話，做為主管的你，在平常溝通時真的出現這些問題，他已經放開心胸開始跟你做正面的溝通。那麼，請問身為主管的你要怎麼回應？主管在當下如果忍不住，甚至被激怒，「你有種再講一次！」接下來可能就戰火延燒，一發不可收拾。

台階話語的運用不單只是用在對方的身上，也可以適用在自己適合的情境中，

以台階對話的技術，主管可以這樣說：「謝謝你對我的提醒，我個性有時候過於急躁，缺乏耐心，只想儘快將事情做完，就算沒有惡意，卻會造成溝通上的問題和你的不舒服，我要跟你說聲抱歉！」主管若是能在當下調整情緒，回歸初衷和動機，當部屬點出我們的問題與盲點，若是能謙卑受教，放低身段，改變修正，這不僅是榜樣的示範，也會帶給部屬對你的敬重和信賴。

　　在這裡，建議大家多準備一些台階性的詞彙，並且熟悉、牢記；有空的時候，靜下心來，多模擬不同的情境、把你所學習到、所理解到的台階對話，放進情境中去練習；否則在關鍵時刻，如果因為這些詞彙不夠多，而無法成就立即性的對話，達到要求的效果，那就太可惜了。

第 23 章

道歉的正確技巧

　　我們繼續進行下一步探討，就是道歉的技巧。有時候在做建設性的要求時，即使對話的氣氛不錯了，但如果我們希望再增加一些安全的保障，建議在對話中，偶爾還可以多增加一兩句簡單的道歉，例如：「可能我不太懂得說話的藝術，但是我真的沒有惡意。如果因為這樣，造成我們彼此間關係的緊張，我要跟你說，真的很抱歉。但請你相信我，我真的不是故意的。」

🖉 道歉 是一種以退為進的態度

　　有的時候，道歉並不是因為你真的犯了錯，而是一種「**以退為進**」的態度。所以道歉完，如果發現效果不錯，對方也能

諒解你沒惡意，接著就可以用「**釋義法**」做建設性的要求。

但是這一章我們先探討道歉這件事，有些人道歉的時機跟表達的方式不對，不道歉還好，道歉完之後，反而更激怒了對方。而我發覺到，這其中最主要的原因在於，他們作出的道歉，只是言語上的道歉，而不是發自真心的道歉。

在我教練式輔導的課程中，經常用一段話提醒學員們：「當你的行為或言語，讓他人懷疑你的動機並非善意，而進入讓彼此關係緊張的關鍵時刻；此時，適切的道歉，是一種以退為進的溝通策略。道歉是一種**尊重**、是一種**同理心**，必須發自內心、必須真心誠意，否則稱不上道歉。」

我在這裡特別提醒，在關鍵對話中，要能表達出誠意的道歉，就必須改變你的動機，要放棄三件事：

第一個，放棄「保住面子」。

第二個，放棄自己「永遠是對的」這種堅持。

第三個，放棄「一心求勝」的心態。

如此，才能將焦點放在你真正想要求對方做的事情上。

有時候我們必須犧牲一點自尊，承認自己的錯。但這就像許多的犧牲一樣，當你放棄重要的事物，你才會獲得更寶貴的回報，那就是健康對話、更好的溝通結果。畢竟有價值的事物，是要付出代價才能獲得的。

在課程中我會讓兩人一組，藉由情境活動讓彼此相互練習道歉，當道歉的一方態度虛應，敷衍了事的說句「對不起！」不論你說了多少次，對方都難以接受道歉，覺得你虛情假意，甚至更加生氣。如果你是真心道歉，很多人在短時間內就容易被你感動，接受你的道歉。

其實我們都知道「道歉」或是說句「對不起」，這不只是言語而已，真心的認錯，誠意的道歉，要比言語更為重要！因此我們思考一下，當自己犯錯，造成他人的困擾或傷害，你會

勇於道歉認錯嗎？你的道歉態度又是如何呢？你會用什麼方式讓對方感受到真誠的歉意？自己道歉的方式需要調整和改變的地方是……？

請靜下心來 3 分鐘思考，並建議用筆記錄下來。

✎ 道歉讓我們學到了什麼？

主管願意放下身段，勇於認錯，這不僅是榜樣的示範，讓彼此關係更加信任，同時會建立部屬兩個價值觀。

第一，「認錯的勇氣」。

勇敢承認自己的錯，會得到尊重，甚至重建彼此的關係。我們可以想想，如果你的主管對你道歉，你會覺得他很丟臉嗎？其實不會，我們心中反而會更尊敬他！覺得做為主管可以如此柔軟，放下身段，承認自己的錯，是多麼不容易的事情。

然而在職場中經常可以發現，有些主管明明知道自己誤會了部屬，或是剛剛在眾人面前情緒失控責備對方，事後雖知道自己過於激動不該如此，但是礙於過強的自尊心很難承認錯誤。就算部屬當下或事後沒有回應，其實在心中已有對主管留下負面的印象，也會對團隊產生負面的影響。

　　我們可以模擬一個情境（你曾經跟部屬道過歉）：

　　部屬（小莉）因為誤解了同事，而產生了彼此相處的不舒服和緊張，現在她了解自己誤會了對方，但是又放不下身段向同事道歉。這時候，身為主管的你該怎麼進行溝通與要求？

　　主管可以說這樣說：「小莉，如果妳知道這次的衝突是因為誤會了 Kelly，我相信如果妳能向她真心地說聲對不起，你們的關係一定可以得到改善的。」但是，如果部屬還是有疑慮：「可是……我沒有勇氣。」主管可以接著跟小莉說：「你記不記得上次，我也誤會你了，當我們解開了誤會後，我當著眾人面前跟你說了對不起，那時我們的關係才變得越來越好，你還記得

這件事嗎？所以如果你今天犯了錯，誤會了對方，說聲對不起，你們之間的關係也才會重新開始，是不是呢？」同時給予肯定的肢體語言，向她點點頭。「所以道歉並沒有不好，是不是？」因為主管有榜樣於前，我相信這時，你的部屬也會較易接受你建設性的建議。

第二，「負責的態度」。

道歉不單是言語，還要有行為的改變。為什麼有些人真心誠意的道歉，對方卻依然不接受，因為有些人是累犯，只會道歉，但從不改變！

在職場中我們會看到有人個性急快，容易粗心大意；有人沒有時間觀念，習慣遲到早退；有人喜歡道人是非，愛說八卦流言。若是初犯，大多數人都能體諒，也會給予機會，只要不要再犯。然而，我們卻可以看到有些人是明知故犯，每次道歉都是滿滿的誠意，但是卻從不改變自己。

因此要對自己犯錯的行為，負起該負的責任，道歉時，除

了說明原委，還要說出自己未來需要修正和改變的事情，並且徹底落實執行，透過時間和改變次數的累積，對方才會對你重拾信任，進而改變關係。

✎ 正確的認知彼此道歉的方式

還有一個重點要特別提醒大家，每個人的道歉方式會有所不同，所以要正確的了解彼此道歉的方式。

舉例來說，有的人道歉不見得是用言語，因為他們不擅於說出道歉的話語！可能是傳一封道歉簡訊，一個可愛有趣充滿歉意的小貼圖，有些人可能是請你吃頓豪華大餐，買個飲料請你喝，或是買個小禮物表達歉意；當然有人也會用稍微撒嬌的方式表達歉意：「好啦好啦～我知道自己錯了嘛，對不起嘛～」

或許你聽到的當下，還是沒有辦法在瞬間轉換情緒，但記得，不要在這關鍵時刻出口反擊，「你終於知道自己錯了喔！」

「你以為說一句對不起就沒事了嗎！」「你這個人是不可能會改的啦！」說這些話不但於事無補，反而可能會引起更大的衝突和對立，因為在情緒中說話，10 年累積的信賴，可能會經不起一句無心說錯的話，最終不歡而散。

如果對方願意表達歉意，不論用什麼方式，這代表他有心想解決問題，重建關係。如果他的方式你不滿意，也不符合你的期待，當下也不想再說下去，此時可以和對方說：「謝謝妳願意做這件事（請吃飯、飲料、禮物……），我知道這樣對你來說，並不容易，就像我一樣，也需要勇氣，只是我現在心情還不是很好，這件事我們晚點再談，好嗎？」要跟他點頭，你就可以離開了。離開的時候，記得不要惡狠狠地瞪對方一眼，帶著溫和的眼神和堅定的態度離開，再找適當的時機，運用下一章「釋義法」的技巧，做建設性的批評，幫助對方改善不當的行為，避免再度犯錯。

第 24 章

釋義法的運用

　　當我們與部屬在對話中重建安全信賴後，就可以運用「釋義法」給予部屬建設性的建議。在職場中因為要求速度和績效，希望快速解決問題，因此主管面對部屬所犯的錯、所遇到的問題，並非有太多的時間去了解背後層層原因，只是希望當下能快速解決問題，此時就可以運用「釋義法」來處理。

　　在此特別說明一下，如果部屬的問題，有其複雜性和多面性的成因，那就需要花多一點時間運用「教練式輔導」的技巧，才能徹底解決核心的問題。**如果主管不花點時間解決根本問題，就會花更多的時間處理相同的問題。**

　　「釋義法」的定義指的是將部屬錯誤的行為或態度，用溫

讓部屬能夠欣然接受建議，達到團隊要求的目標。

和堅定的方式表達出來，讓對方知道我們能理解他的做法，運用台階話語保留對方的自尊，同時給予對方明確的建議，願意接受建議落實執行。

「溫和的態度」可以避免教導時對方的反抗。

「堅定的規範」可以避免對方逃避該做的事情。

因此主管在運用「釋義法」對談過程中，一定要把握這兩大重要的原則。

當我們在進行建設性批評的時候，主管提出了對方的一些錯誤或疏失，但對方好像誤會我們了，這時可以用釋義法，來化解彼此之間的對立，並重新建立安全的氛圍。

釋義法的表達技術，是由「我不想、我不是、我沒有、我不希望」，進而講到「我是、我想、我了解，我希望」。接下來，我舉七個不同的情境，運用釋義法的表達方式來舉例說明。

✎ 上班、開會經常遲到

「我不希望你誤會我的意思，我們能一起工作真的很棒，你做事有耐心也很仔細，工作態度積極也很有熱忱，這些都是大家值得跟你學習的地方。」

話語中要加入讚美與肯定，而以行為及品格上的優點為主，接下來我們運用釋義法：「然而，守時是單位建立紀律的重要關鍵，所以為了你、為了整個團隊，我希望你能夠遵守這個，好嗎？」此時記得要用溫和的表情＋點點頭。

釋義法的運用有兩點要注意：

① 主管要給予對方建議時，不要用「但是，可是，不過」，這三種詞彙聽起會讓對方覺得你在反駁我，否定我，不認同我，如此表達會讓部屬難以接受建議。因此在給建議時可以用**「同時、其實、然而」**的轉折詞，對方會較易於接受。

② 如果 Andy 隔天真的有準時到會議室開會、或者準時上

Part4 建設性批評的技巧
讓部屬能夠欣然接受建議，達到團隊要求的目標。

班，主管就要做**即時性讚美**，對他的行為的改變做出**正向強化**的回應，否則他三天內很可能又回到了原來的狀況。

所以，你可以肯定他：「Andy，其實我今天非常高興、非常感動！」他會好奇，「你感動什麼？」然後你告訴他，「我今天一到會議室就看到你，你準時來開會；有些人提醒他們準時，但有人聽聽就算了，根本沒有照做。可是你不一樣，你做到了，這讓我看了非常感動，你真的很棒，我們一起加油！」要記得跟他點點頭。

主管在運用釋義法後，看到部屬做出行為的改變，一定要記得肯定讚美他，部屬的正向行為將會一直持續，若有機會在眾人面前再讚美他，他就能夠持續更久，直到成為習慣。

✎ 約會經常遲到

有些人個性比較豪邁，不拘小節，每次跟別人約吃飯、看電影、唱 KTV，就是經常遲到。

你可以跟他這麼說：「我不希望你以為我是故意要責備你，說真的，我們在一起工作時真的很棒，我非常欣賞你做事的方法，還有你對每個人親切和善的態度，這就是我為什麼跟你成為好朋友的重要原因，然而⋯⋯」。（記得不要用「但是」！）

　　接下來談話進入到「我想要對方做到」的事情，「然而我們每次約見面，你幾乎都會遲到，或許你不是故意的，但這已經造成我很大的困擾，讓我很難過。所以我希望如果你有事，臨時無法準時到達，請務必先撥通電話給我，好讓我知道你有困難，不要讓我苦等，好嗎？」，此時記得要跟他點點頭。

　　如果對方下次與你有約，居然準時赴約，要記得讚美肯定他，強化他正向的行為，就會減少他遲到的機會。

✐ 習慣用負面言語諷刺人

　　怎麼去改變一個常諷刺別人的同事，你可以這樣說：「我

不是故意要指責你，說真的，我們能成為同事是一種緣分，我非常欣賞你做事的方法及各方面的才華。或許你不自覺講負面的話去調侃別人，覺得是種幽默或開個玩笑，我相信你沒惡意，也並非故意攻擊別人。」透過台階話語保留對方面子，這就是彈性的釋義法。

接著，切入主題，「然而，正面積極的言語，對自己的人際關係和團隊合作都是非常重要的，否則造成別人對你的誤會，不是很可惜嗎？！所以我希望你要多說好話，給人希望，這樣的表達，才會讓我們人際關係變得更好，你說好嗎！」（微笑＋點頭）

✐ 同事脾氣不好

當你面對脾氣暴躁、EQ 不好的同事，可以對他說：「我不是說你不能表達你的情緒，可是每次你失控時所說的話，都造成彼此之間極大的傷害，這讓我覺得很難過。」請注意，講到

自己有負面感覺時，要用「我」這個字。

　　「平常你對我很好，很體貼，很關心我的需要，這都是讓我非常感動的地方，我真的在乎我們之間的關係、也重視我們之間的感情。所以下次，如果你覺得我提出的方法不好，你能不能心平氣和地跟我溝通，你說好嗎？」再次提醒，要跟他點點頭。

✏ 父母當眾指責家人

　　當你的父母當眾批評自己家人，習慣當眾公開羞辱你的兄弟姊妹、或者他們的另一半，甚至在公開場合破壞孩子的自尊、教訓孩子，你希望你的父母不要這樣做時，你可以這樣跟他說：「爸（或媽、或老公、或老婆），我不希望你誤會我的意思，說真的，我不是說你不能管教妹妹、不能說她的問題，其實我知道你很愛她、也常關心她的需要。然而，畢竟妹妹也大了，如果你要說她什麼，我希望你不要當著這麼多人面前來責罵她。

她真的非常在乎你對她的看法，也在乎別人是怎麼看她的，所以我才希望你一定要注意，你私底下跟她談，效果會更好，您說好嗎？」記得再跟對方點點頭。

✎ 主管當眾批評你

主管當眾批評你，而你希望你的主管不要這樣做，希望可以做到「向上管理」。這個個案是來自於一位半導體產業的初階主管，他跟我說：「老師，我的大老闆很習慣在公開場合責罵我，他說這樣我才會改，才會反省！說真的，我已經被他罵到信心全無，每天早晨起床就很有壓力，因為知道等等簡報會議一定又要被他罵了，所以我真的有點想離職。」我聽完後，建議他試試「釋義法」的表達方式，「也許你主管會改變，反正你也撐不住了，就死馬當活馬醫，或許還可以起死回生。」

接下來是這位初階主管在課程中所寫的內容，我覺得寫得不錯，提供你參考：「**老闆，我不希望您誤會我的意思，我不**

是說您不能教導我、不能指正我的問題，在我心目中，您是個非常負責認真的主管，你的專業和經驗都是值得我向你學習的，我也知道你常常為我們著想、關心我們的需要，這更是我非常敬重您的地方。」請大家注意，在做向上管理時，讚美的詞彙要多一點、具體一點。

「然而，當您在公開場合大聲辱罵我，我真的覺得非常羞愧和難過，自信心也完全喪失，我知道老闆您沒有惡意，只是為了我好，只是我希望您下次要教導（請大家注意，這裡用的詞彙是「教導」）我什麼時，不要當著這麼多人面前來責罵我，您私底下跟我談談，我會努力改善的，您說好嗎？」記得跟主管點點頭。

這位夥伴告訴我，雖然他已經將稿子寫好，但是一直在想，到底要不要用？因為他怕萬一運用不當，就一輩子很難翻身了。幾天後他在我的臉書私訊給我，告訴我說～他真地用在他主管身上。

結果，他發現老闆對他的態度開始轉變了，沒有在公開場合大聲責罵他了，只是開始轉罵其他的人了（哈哈）。

如果現在的你也面臨相同的處境，被你主管已經罵到撐不下去了，那麼上面這段釋義法的稿子，你可以嘗試一用，或許會有意想不到的效果。

🖊 績效太差的例子

萬一部屬的業績不好、績效持續都很差，你可以這麼說：「我不希望你認為我是一個完全以業績為導向的主管，我知道你一直很認真也很努力，只是對一個業務來說，業績的不穩定實在有很大的殺傷力；同時，我也不希望你沒有賺到獎金，因為我對你有一份責任。」（請注意這段漂亮的語言運用）

「而我要說的是，我希望你能夠重新調整自己的步伐及心情，找回以前那個充滿熱忱、積極正面的你，我相信你一定能

夠很快的突破瓶頸，再創人生另一個高峰，讓我們一起努力好嗎？」記得要跟他點點頭！

✎ 更多的練習

如果大家已經了解釋義法的結構了，這裡有一些題目給你，你可以選擇兩性篇、親子篇、領導統御、人際關係、客戶篇都沒關係，先找一題來實際操作，或者做情境模擬的練習。

主題一：夫妻之間

🙎 脾氣火爆	🙎 用錢的方式
🙎 不夠溫柔、不夠體貼	🙎 在公開場合指責對方
🙎 對孩子太暴力 （語言或肢體）	

Part4 建設性批評的技巧
讓部屬能夠欣然接受建議，達到團隊要求的目標。

主題二：親子之間

挑食	小孩貪玩
欺負弟妹	小孩成績太差
沒禮貌、說謊	小孩愛亂買東西
父母親對子女太嚴苛、權威	父母親管教子女情緒易失控

主題三：領導統御

常說負面話	積極度不夠
主觀性太強	做事馬虎隨性
自負、不受教	業績持續太差
愛說八卦流言	情緒容易失控
經常遲到或早退	

主題四：人際關係	
@ 借錢不還	@ 愛佔便宜
@ 約會常遲到	@ 衛生習慣不好
@ 愛說八卦流言	@ 做事模式不同

主題五：客戶之間	
🤝 嫌價錢太貴	🤝 對賠償的內容很不滿意
🤝 經常約好了時間又取消	🤝 成交後，事後居然反悔

　　「釋義法」的靈活運用，不能只是看完七個案例就結束了，否則你只會知道，卻無法學到。懇請您在此時花個 10 分鐘試試看，依據自己目前真實的生活情境，找個 2～3 題來做實際練習，書寫下來。

當你要針對現實中的問題做演練，你就會思考表達過程中的起、承、轉、合，透過文字的鋪陳和詞彙的修潤，臨摹情境，實際開口做練習，這些話語和技巧就會逐步內化，讓你的表達力成為影響力！

Part 5

• • • •

總結與回顧

第 25 章

總結與回顧

在本書結束前，我們來回顧一下學習的主要重點，以加深各位對於「帶人的技術」各層面的運用。

第一個重點：首先我們談到「過去的管理」和「現在的教練」之間的差異性。

管理：通常來說是「事比人重要」，偏重於教導與命令，需要快速解決問題。

教練：通常來說是「人比事重要」，偏重於「引導和激勵」，幫助下屬獨立思考，提高部屬解決問題的能力。

管理是「我叫你做什麼，你就做什麼」；

教練則是「我叫你做什麼，你會思考怎麼做」。

接下來是，卓越的教練輔導需要具備兩種能力：

① 有效的溝通能力。

有效的溝通能力可以分成兩個部份，一個是「溝通的心態」，一個是「溝通的技巧」。溝通的心態，就是領導者要以「教練」、「師父」的心態來溝通，千萬不能用「主管心態」或「上級心態」來做溝通。而溝通的技巧，就是八個字：「建立信任，重拾信心！」

② 系統化步驟的能力。

系統化的步驟指的是：１）有邏輯的說話。就是說話不要鬆散，跳躍，要有架構。２）有順序的輔導。就是輔導對談要有起、承、轉、合，才能達到事半功倍的輔導效果。

第二個重點：我們談到「如何成為一位傑出的教練」，包括三個部份。

第一，績效目標和員工關係要如何同時兼顧？績效和關係

要同時兼顧，就必須要做到兩件事，一個是問題的解決；一個是愉快的感覺。如果一開始就感覺不愉快，那後面的問題就難以解決。因此良好的溝通是感覺愉快在前，問題解決在後。

第二，與部屬建立關係的四大關鍵：就是言語、行為、品格與榜樣。領導者本身平常為人處世的方式及態度，都會影響與部屬之間的信賴。

第三，如何運用工作中的零碎時間建立關係？可以透過早上熱忱問早、問好，中午一起用餐、閒話家常，下班前可以走動管理，關心一下部屬的工作狀況，適時給予鼓勵肯定，這些做法都有助於與部屬關係的建立。

第三個重點：我們談到的是「如何建立對談中的安全與信賴」。

第一，面談的最佳位置與距離為 45 ～ 120 公分，差不多就是一張辦公桌的寬度，或者你伸出手從肩膀到手臂的距離。

第二，非語言的影響力：包括臉部的表情、適度的點頭、

親切的微笑、自信又自然的肢體動作，以及聲音語調有「輕、重、快、慢」的變化，這些非語言的展現，對輔導的效果，都會帶來很大的正面影響。

第三，情緒要同步。教練在輔導對談中，可以依據對方情緒的喜、怒、哀、樂，做出適度及同步的回應。也就是說，當對方開心時，你要與他同歡樂；當對方表達難過傷心時，你要能體會他當下的心境，適時的作出同理回應。如此在對談中，就能更加深彼此之間的安全感與信賴感。

第四個重點：我們討論的是「傾聽與回應」的技巧，我們要學習三件事。

第一，敏銳觀察力——73855 定律」：當你在說話時帶給人整體的觀感中，有 7％取決於說話的文字內容，38％在於說話時的口氣、語調、和聲音的抑揚頓挫，55％是手勢、表情等肢體語言。這些因素綜合起來，影響著別人對你的整體感受。

第二，解讀七大肢體語言，七大肢體語言如下。

① **雙手臂交叉緊抱胸**：暗示反對、不認可、或者對你的觀點難以接受的態度。

② **不斷的眨眼**：會讓人感受到不真誠、緊張，似乎試圖掩蓋說謊的事實。

③ **皺眉或撇嘴**：驚訝、懷疑、擔憂或恐懼時，人們會不自覺反應出這樣的表情。

④ **腳尖朝向門口**：該動作暗示想抽身離開的心理狀態。

⑤ **手托下巴**：表示當事人正在思考，或正要做決定。

⑥ **虛假的微笑**：隱藏他們真實的想法和感受。

⑦ **言行不一**：嘴上說「是」或「好」，卻微微搖著頭，代表一個人言不由衷、或內心不一致。

七種肢體語言的觀察要做綜合的研判，不能只看單一行為，否則可能會產生誤解。

第三，傾聽的專注態度與行為，專注傾聽包括五種做法。

① 臉部表情要保持親切微笑，建立親和感。

② 眼神要專注於對方，讓人感受到被重視、被在乎。

③ 適當的空間距離，可以拉近彼此的關係。

④ 身體適當向前傾，讓對方覺得你有心想聽他說話。

⑤ 聲音語調運用得當，可以增加對談中的影響力。

第五個重點：我們談到「正確同理心及回應的技巧」。

第一，「同理」與「同情」的差異：「同情」是站在自己的立場，以自己的角度看待對方，有時候會以較高的身分來看待問題，以「倚老賣老」的心理狀態來回應對方，當事人不但難以聽進建議，更可能會破壞彼此間的信賴關係。

而「同理」是站在對方的立場，去感受他的內在世界，把你體會到的表達出來，讓對方知道，你能了解他的感覺、想法與行為，同時不批評、不分析、不給任何建議。

第二，同理心的兩種能力

① **敏銳的觀察力**：敏銳的觀察力就是敏感度，傾聽時要用耳朵聽、眼睛看、直覺做判斷，才能提升敏銳的觀察力，達到輔導的功效。

② **精準的表達力**：就是教練與部屬在輔導對話過程中，聽到對方所遭遇的狀況、所經歷過的事情後，能明確精準地說出對方內在真實的感受，就會讓部屬覺得，自己是被了解和理解的，當下就能帶來一些安慰與鼓勵。

第三，同理語言的兩種技術

① **同理語言七句話**：「我能了解你的立場」、「我能體會你的心情」、「我明白你的意思」、「辛苦你了」、「真是不容易」、「真是難為你了」、「難怪你會這麼生氣！」。

② **自我表露兩句話**：第一句是，「過去我也曾有過類似的經驗或是相同的經驗……，當時我也覺得蠻難過的、或是蠻生

氣的。」；第二句是，「如果，我跟你面臨同樣的事情，我可能也會像你一樣這麼生氣、或委屈。」

總之，最後儘量講出對方內心的感覺，對方才覺得你真正的了解他。

第六個重點：「有效溝通與輔導策略」，我們學習到以下三件事。

第一，了解什麼是 NLP 神經語言程式學。

第二，快速分辨視、聽、感三種溝通類型的人。

① **視覺型**：視覺型的人語速快、節奏快、思考反應快，有些人音調較高、聲音較大聲，動作表情較豐富，比較強調速度及效率，怕浪費時間，重視數字和績效。

② **聽覺型**：聽覺型呼吸緩和均勻，語速較適中，不急不徐，說話比較溫文儒雅，聲音較有抑揚頓挫、韻律節奏，喜歡說故

事、講例子、或是用比喻。

③ **感覺型**：感覺型吸氣較深沉飽滿，語速較緩慢，肢體動作較小和表情比較少，你問他一個問題後，他有時候會低著頭思考，反芻一下再慢慢回答你，凡事也比較謀定而後動，思慮比較周密。

因為視覺型、聽覺型、感覺型的人，表達方式及做事方法都有所不同，所以我們在與他人溝通的時候，如果能先分辨對方是什麼溝通類型，這樣我們就能調整頻率，對症下藥！

第三，要如何有效進入對方的溝通頻率？

當教練發現我們與對方的溝通類型不同時，就必須調整自己的頻率，而調頻就是「模仿」，透過模仿對方的文字語言、聲音語調、肢體動作三個部份，就能快速進入對方的溝通頻率，瞬間產生談話時的親和力，帶給對方安全感。

第七個重點：我們學習到以下幾件事。

第一，模仿的四大忌諱。

① 不要立刻同步模仿。

② 模仿速度不要太快。

③ 模仿的次數、頻率不要太高。

④ 不雅的動作不要模仿。

第二，視、聽、感三大類型的溝通策略。

針對視覺型的人，最好的溝通策略是：

① 盡量讓對方要看到。

② 說話要有邏輯、歸納能力。

③ 要說重點，強調獨特、差異和效益。

針對聽覺型的人，最好的溝通策略是：

① 述說他人的見證。

② 多說故事和隱喻。

③ 聲音要有節奏和變化。

針對感覺型的人，最好的溝通策略是：

① 要放慢節奏與速度。

② 肢體適當的碰觸。

③ 多關心、同理、讚美與肯定。

當你面對視覺、聽覺，感覺三種不同類型的人，以他們適合的溝通策略來做溝通對談，就能達到最佳的輔導效果。

接下來談到的是有效溝通輔導三步驟：第一，分辨於前；第二，調頻為中；第三，策略為後。

也就是說，在我們溝通對話前要先分辨，對方是哪一種溝通類型的人；當發現對方溝通類型與我不同，就必須進入第二步驟調整自我的頻率，模仿對方，建立親和安全的溝通氣氛；最後再以對方最容易接受的溝通策略來與他對話，就能達到最好的效果。這就是「分辨於前，調頻為中，策略為後。」

最後我們透過情境模擬，來練習教練輔導的四大步驟。而

教練輔導的四個步驟是：第一，同理於前；第二，引導為中；第三，教導為後；第四，激勵收尾。透過模擬以下情境，例如部屬績效不佳、工作態度不好，或是經常負面思考、喜歡說別人八卦，或是情緒容易失控、跨部門合作經常發生衝突⋯⋯等問題，我們練習該怎麼對話溝通，才能達到教練輔導的效果。

第八個重點：綜合以上我們所學習的知識，我們用「建設性批評」及「關係重建的外在技術」，並用「立即性的對話」加上「台階用語」，搭配以退為進、「正確的道歉技巧」，以及「釋義法的運用」，最終達成我們期待的教練輔導的要求。

第一，「建設性批評」的二階段。

① 關係建立。

② 安全信賴。

第二，「有效建設性批評」的三步驟。

① 退出對話。

② 重建安全。

③ 進入對話。

第三，關係重建的外在技術。

① 幽默。

② 撒嬌。

③ 同理。

④ 讚美。

第四，立即性的對話及台階用語。

① 當部屬產生正面回應時，要立即給予鼓勵及讚美。

② 台階用語，在彼此的對話進入緊張的氛圍時，可以用台
   階式的用語，例如「我相信你絕對不是故意的」、「或
   許你只是沒有發現而已」，讓雙方都有個台階下，自然
   就能緩和緊張的氣氛。

第五，道歉的正確技巧。

① 道歉是一種以退為進的態度，要學習放棄三件事：第一，放棄「保住面子」；第二，放棄自己「永遠是對的」的堅持；第三，放棄「一心求勝」。

② 道歉讓我們得到了尊重，並幫助對方建立二種價值觀：第一，認錯的勇氣；第二，負責的態度。

③ 正確的認知彼此道歉的方式。

第六，我們運用了許多的例子，並透過練習，來了解釋義法的使用時機，並在章節的最後提供許多練習題，讓大家對「釋義法」的運用更加熟悉。當你想要給予部屬建設性批評的時候，可以運用這些原則和技巧，讓部屬了解自己的問題所在，同時接受你的建議，改變自己，達成績效。

投入培訓和教練諮詢工作已經 20 多年，在不同的國家和企業做教練輔導，深刻感受到一位主管是否值得部屬尊敬、值得部屬信任、值得部屬跟隨，不是因為他的學歷背景，不是他的

專業能力，更不是因為他的職位高低，而是因為他有良好的溝通和輔導能力。

然而在組織中能成為主管，大都在工作上有一定的專業及卓越的績效表現，隨著時間和資歷的累積，才能被拔擢成為公司的領導階層。但是從你成為主管的那一天開始，所扮演的角色不同了，不能再單打獨鬥，要懂得帶人，要會帶動團隊士氣；要懂得溝通協調，要能解決情緒問題；要能處理員工衝突，還要激勵部屬達成目標。這些溝通與輔導的能力，都需要透過用心學習，和刻意練習，才能漸漸轉化成為你的領導力。

領導力就是影響力！

衷心期待本書中每個章節的帶人技巧和觀點，能為你在領導上帶來幫助，在輔導上達成績效，在你的團隊中發揮更多正面的影響力！

百大企業御用教練陳煥庭
帶人的技術

這樣帶不只打中年輕人，還讓部屬自動自發追求目標！
透過傾聽、引導、同理心與 NLP 技術，讓你成為傑出的教練式主管！

作　　　者／陳煥庭
美 術 編 輯／申朗創意
責 任 編 輯／吳永佳
企畫選書人／賈俊國

總　編　輯／賈俊國
副 總 編 輯／蘇士尹
編　　　輯／高懿萩
行 銷 企 畫／張莉滎・蕭羽猜

發　行　人／何飛鵬
法 律 顧 問／元禾法律事務所王子文律師
出　　　版／布克文化出版事業部
　　　　　　台北市中山區民生東路二段 141 號 8 樓
　　　　　　電話：(02)2500-7008　傳真：(02)2502-7676
　　　　　　Email：sbooker.service@cite.com.tw
發　　　行／英屬蓋曼群島商家庭傳媒股份有限公司城邦分公司
　　　　　　台北市中山區民生東路二段 141 號 2 樓
　　　　　　書蟲客服服務專線：(02)2500-7718；2500-7719
　　　　　　24 小時傳真專線：(02)2500-1990；2500-1991
　　　　　　劃撥帳號：19863813；戶名：書蟲股份有限公司
　　　　　　讀者服務信箱：service@readingclub.com.tw
香港發行所／城邦（香港）出版集團有限公司
　　　　　　香港灣仔駱克道 193 號東超商業中心 1 樓
　　　　　　電話：+852-2508-6231　　傳真：+852-2578-9337
　　　　　　Email：hkcite@biznetvigator.com
馬新發行所／城邦（馬新）出版集團 Cité (M) Sdn. Bhd.
　　　　　　41, Jalan Radin Anum, Bandar Baru Sri Petaling,
　　　　　　57000 Kuala Lumpur, Malaysia
　　　　　　電話：+603- 9057-8822　　傳真：+603- 9057-6622
　　　　　　Email：cite@cite.com.my
印　　　刷／卡樂彩色製版印刷有限公司
初　　　版／2020 年 10 月
初 版 6 刷／2023 年 01 月
定　　　價／300 元
Ｉ Ｓ Ｂ Ｎ／978-957-9699-82-2

百大企業御用教練陳煥庭帶人的技術 / 陳煥庭著 .-- 初
版 .-- 臺北市 : 布克文化出版 : 家庭傳媒城邦分公司發行，
2020.10
　面；　公分
ISBN 978-957-9699-82-2(平裝)

1. 企業領導 2. 組織管理

　　　　494.2　　　　　109016016

城邦讀書花園　布克文化
www.cite.com.tw　www.sbooker.com.tw